CATALOGUE

RAISONNÉ

DES

LÉPIDOPTÈRES D'EUROPE

CATALOGUE

MÉTHODIQUE

DES

LÉPIDOPTÈRES D'EUROPE

Paris. — Imprimerie de E. Donnaud, rue Cassette, 9.

CATALOGUE

MÉTHODIQUE

DES

LÉPIDOPTÈRES D'EUROPE

POUVANT ÊTRE EMPLOYÉ COMME ÉTIQUETTES

POUR LE CLASSEMENT DES COLLECTIONS

Prix : **1 fr. 50 c.**

PARIS

CHEZ A. DEYROLLE, NATURALISTE

Membre de la Société entomologique de France

19, RUE DE LA MONNAIE

1861

AVERTISSEMENT

Ce catalogue a été obligeamment dressé par M. BERGE, d'après les nomenclatures les plus récentes, en suivant pour les *Rhopalocères* la méthode de M. le docteur BOISDUVAL, et en partie celle de M. GUÉNÉE pour les *Hétérocères*. Nous lui en renouvelons nos sincères remercîments.

La plupart des entomologistes considèrent les insectes de la Sibérie comme européens, d'autres admettent aussi comme tels ceux de l'Altaï et de l'Asie-Mineure ; pour donner satisfaction au plus grand nombre, nous avons compris dans notre cadre toutes les espèces inscrites sur les catalogues, en France et en Allemagne ; mais nous avons marqué d'un *, celles qui n'ont été captu_ rées jusqu'ici qu'au delà des limites de l'Europe, comme l'entendent les géographes, laissant ainsi à chacun la faculté de les admettre ou de les rejeter.

Notre but principal a été de donner un catalogue servant en quelque sorte de tarif pour les Lépidoptères d'Europe, nous avons tâché aussi cependant qu'il soit le plus complet qui ait encore été imprimé jusqu'à ce jour.

Nous l'avons fait disposer de manière à ce qu'il puisse être employé comme étiquettes et épargner ainsi à l'amateur le travail long et ennuyeux de les écrire à la main, sans compter qu'il est alors difficile, à moins d'une aptitude particulière, de leur donner la netteté et la régularité indispensable à une collection bien tenue. A cet effet, nous avons fait imprimer un certain nombre d'exemplaires sur un seul côté du papier, que l'on peut coller sur carte mince et découper en étiquettes, ou coller chaque nom sur un petit cadre disposé à cet effet.

Le prix est indiqué à toutes les espèces pour lesquelles il est peu sujet à varier et que l'on peut assez aisément se procurer, nous réservant d'ajouter à la main celui des autres, lorsque nous les posséderons et que l'on nous en fera spécialement la demande, selon le degré de rareté qu'elles auront dans le moment.

ABRÉVIATIONS.

♂ Mâle.
♀ Femelle.
? Espèces douteuses.
* Espèces étrangères à l'Europe.

Alb.	Albin.
And.	Anderregg.
Bdv. ou B.	Boisduval.
Bork.	Borkhausen.
Br.	Brahm.
Brd.	Bruand.
Cl.	Clerck.
Cost.	Costa.
Cr.	Cramer.
Curt.	Curtis.
Dalm.	Dalman.
Dard.	Dardouin.
Deprun	Deprunner.
Devill.	De Villers.
Donov.	Donovan.
Donz.	Donzel.
Dbd.	Doubleday.
Drap.	Draparnaud.
Dr.	Drury.
Dup. ou D.	Duponchel.
Eng.	Ernst et Engramelle.
Esp.	Esper.
Ev.	Eversmann.
Fab. ou F.	Fabricius.
Fischer.	V. Roslerstamm.
Fischer.	V. Waldheim.
Fons.	Boyer de Fonscolombe
Fr.	Freyer.
Fris.	Frisch.
Friw.	Friwaldskii.
Fuess.	Fuessly.
Geof.	Geoffroy.
Germ.	Germar.
God.	Godart.
Gn.	Guénée.
Guér.	Guérin.
Haw.	Haworth.
Heeg.	Heeger.
H. S.	Herrich Schæffer.
Hey.	Heyder.
Hb. ou H.	Hubner.
Huf.	Hufnagel.
Illig.	Illiger.
Kef.	Keferstein.
Kind.	Kindermann.
Klée.	Kléemann.
Kn.	Knock.
Kol.	Kollar.
Kuhl.	Kuhlwein.
Lah.	Laharpe.
Lasp.	Laspeyres.
Lat.	Latreille.
Led.	Lederer.
L.	Linnæus.
Ménét.	Ménétriès.
Metz.	Metzner
Mill.	Millière·
Mn.	Mann.
Naturf.	Der Naturforscher
Nik.	Nikerl.
Och. ou O.	Ochsenheimer.
Pal.	Palmer.
Panz.	Panzer.
Payk.	Paykul.
Pet.	Petagna.
Quens.	Quensel.
Rb.	Rambur.
Reaum.	Reaumur.
Roes.	Roesel.
Ros.	Rossi.
Schl.	Schloeger.
Schæf.	Schæffer.
Schr.	Schrank.
Scop.	Scopoli.
Scrib.	Scriba.
Sich.	Sichel.
Silb.	Silberman.
Som.	Sommer.
Staund.	Staundinger.
Steph.	Stephens.
Sulz.	Sulzer.
Thunb.	Thunberg.
Tr.	Treitscke.
View.	Vieweg.
W. V.	Wiener Verzeichniss.
Zel.	Zeller

RHOPALOCERA.

PAPILIONIDÆ. Bdv.

Papilio. Lin.   (1)

1 Podalirius. Lin. . . . . . » 50
  a. v. Feisthamelii. Dup. . . . 2 »
2 Alexanor. Esp 1 50
3 Hospiton. Gené. . . . . .
4 Machaon. L. . . . . » 25
  a. v. Sphyrus. Hb.. . . . . .

Thais. Fab.

5 Cerisyi. God . . . .
6 Hypsipyle. Fab.. . . . . . » 60
  Polyxena. Hb. . . . . . . » »
  a. v. Demnosia. Dahl. . . . .
  b. v. Græca. Bdv.. . . . . .
  c. v. Cassandra. Hb. . . . . 1 »
7 Rumina. Lin.. . . . . . . 2 »
  v. *a.* Lusitanica. Bdv. . . . .
  b. v. Medesicaste. Hb.. . . » 75
  c. v. Honnoratii. Bdv. . . . .

Ismene. Bdv.

8 * Hypermnestra. Menet.. .
  Helios. Nick.. . . . . . .

Doritis. Och.

9 Apollina. Och. . . . . . .

Parnassius. Lat.

10 Apollo. L.. . . . . » 50
  a. v. Sibiricus.. . . . . . .
11 Nomion. Fisch. . . . . . .
12 Phœbus. God. . . . . . . » 75
  Delius. Esp. . . . .
13 Epaphus. Bdv. . . . . . .
14 * Corybas. Fisch . . . . .
15 * Clarius. Evers.. . . . .
16 * Delphius. Evers. . . . .
17 * Actius. Ev.. . . . . . .
18 Mnemosyne. L. . . . . . . » 50
19 * Stubbendorfii. Ménét. . .
  Immaculatus.. . . . . . .

PIERIDÆ. Bdv.

Pieris. Bdv.

20 Cratægi. L. . . . . » 25
21 Brassicæ. L. . . . . » 25
22 * Krueperi. Staud. . . . .
23 Rapæ. L.. . . . . » 25
  a. v. Ergane. H. 1 50
24 Napi. L.. . . . . » 25
  a v. Napeæ. Esp. . . . . .
  b. v. ♀ Bryoniæ. God . . . 1 50
  c. v. Sabellicæ Steph. . . . .
25 Callidice. Esp. . . . » 75 1 »
26 Chloridice. Fisch . . . . .
27 *, Leucodice. Ev.. . . . . .
28 Daplidice. L. . . . . . . » 30
  a. v. Bellidice. Bramh . . . » 60

Anthocharis. Bdv.

29 Glauce. Illig. . . . . . . 2 »
30 Belemia. Esp. . . . . . . 2 »
31 Belia. Fab. . . . . » 50
32 Tagis. Esp . . . .
  a. v. Bellezina. Bdv. 1 50
33 Ausonia. Esp. . . . . . . » 75
34 Simplonia. Bdv. . . 1 50 2 »
35 Eupheno. Lin. . . . . . . » 50
  a. v. Biscutellæ. Bdv. . . .
36 Thlaspidis. Bdv. . . . . .
37 Damone. Bdv. . . . . . .
  Gruneri. Kind. . . . . . .
38 Cardamines. Lin. . . . . . » 25

Zegris. Ramb.

39 Eupheme. Esp . . . . . .
  a. v. Erothoe. Ev. . . . . .
40 Pirothoe. Ev. . . . . . .

Leucophasia. Steph.

41 Sinapis. L. . . . . » 25
  a. v. Erysimi. Bork.. . . . .
  b. v. Diniensis. Bdv. . . . .
42 Lathyri. H.. . . . . 1 50

(1) Les prix sont en francs et centimes. 1 franc, = 10 pence, = 8 silbergroschen.

Rhodocera. Bdv.

43 Rhamni. L. . . . . » 25
44 Cleopatra. L.. . . » 75 » 60
45 Aspasia. Menet.. . . . . . .

Colias. Bdv.

46 * Thisoa. Menet.. . . . . .
47 Aurorina. Kind. . . . .
   Antedusa. Bdv. . . . .
48 Edusa. L. . . . . » 25
   a. v. ♀ Helice. Hb. . . . . 2 »
49 Myrmidone. Esp. . . . . 1 »
50 * Aurora. Fab.. . . . . .
51 * Helena.. . . . . . .
52 Chrysotheme. Esp. . . . 1 »
53 * Chrysodona. Kind. . . .
54 Boothii . . . .
55 Neriene. Fisch . . . . . 2 »
   Erate. Esp. . . . . . .
56 Palaeno. L. . . . . » 60 » 75
   a. v. ♀ Philomene. Hb . . . 2 »
   b. v.? Werdandi. H. S. . . .
57 Pelidne? Bdv.. . . . . .
58 Phicomone. Esp . . . . . » 50
59 * Chloe. Ev . . . . .
60 * Melinos. Ev. . . . . . .
61 Nastes. Bdv . . . .
62 Hyale. L. . . . . » 25

LYCENIDÆ. Bdv.

Thecla. Fab.

63 Betulæ. L. . . . . » 50
64 Pruni. L. . . . . » 60
65 W. Album Illig.. . . . . » 25
66 Acaciæ. Fab.. . . . . . . 1 »
67 Æsculi. Hb. . . . . » 60
68 Lynceus. Fab. . . . . . . » 25
   Ilicis. Hb. . . . . . .
   a. v Cerri. Hb. . . . . . . » 75
69 Lederari. Kind. . . . . .
70 Spini. Fab.. . . . . » 50
   a. v. Lynceus. H. . . . . . .
71 Quercus. L. . . . . » 30
72 Evippus. Illig. 1 50
   Roboris. Esp.. . . . . . .
73 Rubi. L.. . . . . » 25

Polyommatus. Bdv

74 * Nogelii. Kind.. . . . .. .
75 Ballus. Fab . . . . » 75 1 »
76 Phlæas. Lin.. . . . . . . » 25
77 Epiphania. H. S. . . . . .
   Callimachus. Ev. . . . . . .
78 Ottomanus. Lef. . . . . .
79 Virgaureæ. L. . . . . . . » 50
   a. v. Oranula. Frey. . . . .
   b. v. Miegii. . . . .
80 Hippothoe. L. . . . . . . 1 »
   a. v. Dispar. Haw. . . . . . 2 »
81 Chryseis. Fab. . . . . . . » 40
82 Eurydice. H.. . . . . . . » 75
   Eurybia. Och. . . . . . .
83 * Candens. Bisch.. . . . .
84 Hiere. Fab. . . . . » 60 » 75
   Hipponoe. Och. . . . . .
85 Gordius. Esp. . . . . . . » 50
86 * Helios. Kad.. . . . . . .
87 * Ignitus. H. S.. . . . .
88 * Phaeton. Kind . . . . .
89 Thersamon. Fab. . . . . . 1 »
90 Xanthe. Fab.. . . . . . . » 25
   Circe. Illig . . . .
   a. v. Phocas. Esp . . . . . .
91 * Ochimus. Kad. . . . . .
92 Helle. Fab. . . . . » 50

Lycæna. Bdv.

93 Boetica. L. . . . . » 75
94 Telicanus. Herbst. 1 25
95 * Hoffmannseggii. Zel. . .
96 Amyntas. Fab. . . . . . . » 30
   a. v. Polysperchon. O. . . . » 50
   b. v. Coretas. O.. . . . . .
97 * Theophrastes. Fab. . . .
   Psittacus. Friw.. . . . . .
98 Trochilus. Friw. . . . . .
99 Fischeri. Ev.. . . . . . .
100 Hylas. Fab. . . . . » 40
   a. v. Panoptes. Hb. . . . . . » 75
101 Endymion. Bisch . . . . .
102 Battus. Fab. . . . . » 50
103 Bavius. Ev . . . .
104 Ægon. Bork. . . . . » 25
105 * Bella. Bisch . . . . . .

106 Argus. L. . . . . » 40
   a. v. Acrlon. Fab. . . . . . » 75
107 * Loewii. Zell. . . . .
108 Optilete. Fab. . . . . . 1 »
   a. v. Cyparissus. Hb. . . . . .
109 Eumedon. Esp. . . . . . . » 50
110 Idas. Rb. . . . .
   a. v. Morenœ. Bdv . . . . .
111 Artaxerces. Fab. . . . . . 2 »
112 Agestis. Esp. . . . . » 25
   a. v. Allous. Hb. . . . . . 1 »
113 Eurypilus. Kind. . . . . .
114 Pylaon. Fisch. . . . . . .
   Cyane. Ev. . . . .
115 Rhymnus. Ev. . . . . . .
116 Psylorita. Friw. . . . .
117 Aquilo. Bdv. . . . .
118 Orbitulus. Esp. . . . . . » 75
   a. v. Pheretiadls. Ev. . . . .
   b. v. Pyrenaica. B. gen. . . 1 50
119 Dardanus. Friw. . . . . .
120 Eros. O. . . . . 1 »
121 Boisduvalii. Led. . . . .
   Everos. Ev. . . . .
122 * Candalus. Kad. . . . . .
123 Anteros. Kind. . . . . . .
124 * Cornelia. Kind. . . . .
125 Eroides. Friw . . . . . .
126 Alexis Fab . . . . » 25
   a. v. ? Thersites. Bdv. . . . . » 50
127 * Empyrea Kind. . . . . .
128 * Myrrha. Kind. . . . . .
129 Escheri. Hb. . . . . » 50
130 Hyacinthus. Friw. . . . .
131 Hesperica. Ramb. . . . . .
132 Zephyrus. Kind. . . . . .
133 Icarius. Esp. . . . . » 60 » 75
134 * Fuchsii. Bdv. . . . .
135 Adonis. Fab . . . . » 25
   a. v. Ceronus. Hb. 1 25
136 Dorylas. Hb . . . . » 50 1 »
   a. v. Albicans. Hb. . . . . .
   b. v. Golgus. H . . . . . .
137 Corydon. Fab . . . . » 25
   a. v. Albicans 1 50
   b. *ab*. Cinnus. Hb . . . . . .

   c   *ab*. ♀ *maris colore* . . . . » 75
138 * ? Polona. Zell. . . . . . .
139 Meleager. Esp. . . . » 60 1 »
   Daphnis. Hb. . . . .
140 Stevenii. Kind. . . . . . .
141 Pheretes. Och. . . . . . . 1 »
142 Lysimon. Hb. 1 50
143 * Amasinus. Bdv. . . . . .
144 Acis. W. V. . . . . » 25
145 * Bellis. Kind. . . . . . .
146 Sebrus. Bdv. . . . . » 1 1 50
   Saportœ. Dup. . . . .
147 Lorquinii. Bdv. . . . . . .
148 Alsus. . . . . » 30
   a. v. Alsoides . . . .
149 Donzelii. Bdv. 1 50
150 Rippertii. Bdv. . . . . . . 1 »
151 Admetus. Esp . . . . . . » 75
152 Damon . . . . » 40
153 * Hopfferi. Kad. . . . . . .
154 Carmon. Kad . . . . . .
155 Damocles. Kef. . . . . . .
   Damone. Ev. . . . .
   Epidamon. Bdv. . . . .
156 * Atys. Kind. . . . .
157 * Poseidon. Kad. . . . . . .
158 * Actis. Kad. . . . .
159 Dolus. Fab 1 25
160 Epidolus. Bdv . . . .
161 Argiolus. L. . . . . » 30
162 Caucasica. Bdv. . . . . . .
163 Hilda. Bdv. . . . .
164 Iphigenia. Friw . . . . . .
165 Melanops. Bdv 1 25
   a. v. Marchandii. B 1 50
166 Astræa. Bdv. . . . .
167 Cyllarus. Fab . . . . . . » 24
168 Collestina. Ev. . . . . . .
169 Iolas. H. . . . . 1 »
170 Alcon. Fab . . . . ⌐ 75
171 Euphemus. Hb . . . . » 40
172 Erebus. Fab . . . . . . » 60
173 Arion. L . . . . » 50

ERYCINIDÆ. B.
Nemeobius. Steph.

174 Lucina. L. . . . . » 30

DANAIDÆ.

Danais. Bdv.

75 * Chrysippus. L. 1 50
  a. * v. Alcippus Fab. . . . 2 »

NYMPHALIDÆ B.

Limenitis. Bdv.

176 Aceris. Fab . . . . 1 »
177 Lucilla. Fab . . . . 1 »
  a v. Ludmilla. Kind. . . . . .
178 Sybilla. Fab . . . . » 25 » 40
179 * Hellmanni. Led. . . . . .
180 * Sidyi. Led . . . .
181 Camilla. Fab . . . . » 50 » 75

Nymphalis. Bdv.

182 Populi. L . . . . ♂ » 75
  a. v. Tremulæ. Gd . . . . . . 1 »

Argynnis. Och.

183 Pandora. Esp 1   2 »
184 Paphia. L . . . .   » 25
  a. v. ♀ Valezina. Esp . . . . . 2 »
185 Laodice. Esp . . . .   2 »
186 Alexandra. Menet . . . . .
187 Aglaja. L . . . .   » 25
  a. v. Charlotta. Sowerby . . .
  b. ab. Æmilia. Acerby . . . . .
188 Cyrene. Boun . . . .
    Elysa. G. D . . . .
189 Adippe. Fab . . . .   » 30
  a. v. Cleodoxa. Esp . . . . .   » 50
  b. v. Chlorodippe. Bdv . . . . 2 »
  c. v. Syrinx. Bork . . . . . .
190 Niobe. L . . . .   » 50
  a. v. Aglaope. Wal . . . . . .   » 40
  b. ab Eris Schœn . . . . . .
191 Lathonia. L . . . .   » 25
192 Polaris. Bdv . . . . . .
193 Freya. Th. . . . .
194 Amathusia. Fab . . . . . .   » 75
195 Chariclea. Herbst. . . . . .
  a. v. Boisduvalii. Som. . . .

196 Frigga. Th . . . .
197 Daphne. Fab . . . . » 75
198 Thore. Hb. . . . . 2 »
199 Ino. Esp. . . . . » 40
200 Hecate. Fab . . . . » 60
201 Arsilache. Hb . . . . » 60
  a. v. Napœa. H . . . .
  b. v. Chariclea. Dup. . . . .
202 Pales. Fab . . . . » 40
  a. v. Isis. Hb . . . . » 50 1 »
  b. ab. Palemelas. Bugnon . .
203 Dia. L . . . . » 30
204 Euphrosyne. L . . . . . . » 25
205 Selenis. Ev . . . .
206 Selene. Fab . . . . » 25
  a. ab. Thalia. H . . . . . .
  b. ab. Cybele. H . . . . . .
  c. ab. Licorias. Ljung . . . .
  d. ab. Plinthus. Ljung. . . .
  e. ab. Julia. Kel . . . . . .
207 * Nephele. Krets . . . . . .
208 Ossianus. Herbs . . . . . .
209 * Oscarus. Ev . . . .
210 Aphirape. Hb . . . . » 75

Melitæa. Fab.

211 Maturna. L . . . . . » 60 » 75
  a. v. Maturna. H . . . . . .
212 Iduna. Bd . . . .
213 Cynthia. Fab . . . . 1 »
214 Ichnea Bdv . . . .
215 Artemis. Fab . . . . » 25
  a. v. Merope. Deprun . . . . » 75
  b. v. Provincialis. Bdv . . . . » 75
  c. v. Desfontainesi. Bdv . . . » 60
  d. v. Beckeri. Hs . . . . . .
216 *? Orientalis. Hs . . . . .
217 Cinxia. Fab . . . .
218 Phoebe. Fab . . . . » 40 » 60
  a. ab. Milanina. Ch. Bonaparte
219 Ætheria. Hb . . . . 2 »
220 Arduina. Esp . . . .
221 ? Rhodopensis. Friw . . . .
222 Trivia. Hb . . . . » 75

a. v. Fascelis. Esp 1 50
223 Didyma. Fab . . . . . » 30 » 50
   a. v? Latonigena. Ev . . . .
224 Dictynna. Esp . . . . » 25
225 Deione. Hb . . . . . . 2 »
226 Parthenie. Bork. ? . . . . . » 25
227 Asteria Fr . . . .
228 Phœbula. Bdv . . . .
229 Athalia. Bork. . . . . . . » 25
   a. v. Pyronia. Hb . . . . . .
   b. ab. Aphœa Hb . . . . . .
   c. ab. Hertha. Quens. . . .
   d. ab. Fulla Quens . . . .
   e. ab. Cimothœ. Bertoloni . .
   f. v? Britomartis. Hs . . . .

Vanessa. Och.

230 Prorsa. L . . . . » 40
   a. v. Levana. L . . . . . . » 40
   b. Subv. Porima. B . . . . .
231 Cardui. L . . . . » 25
   a. ab. Elymi. Ramb . . . . .
232 Atalanta. L . . . . » 25
233 Io. L . . . . » 25
   a. v. Ioides. Dahl . . . . . .
234 Antiopa. L . . . . » 50
235 Urticæ. L . . . . » 25
236 Ichnusa. Bonn . . . .
237 Polychloros L . . . . . . » 25
   a. v. Punctum album. Dahl . .
   b. ab. Pyrrhomeloena. H.
      Testudo. Esp . . . . .
   c. Hyb.? Xanthochloros . . . .
238 Xanthomelas. Esp . 1 50 2 »
239 V. Album. Fab . . . 2 » 3 »
240 Triangulum. Fab . . . . . » 75
   L. Album. H . . . . . .
   a. v. F. Album. F . . . . . .
   b. v. V. Album. Esp . . . .
241 C. Album. L . . . . . . » 25

LIBYTHEIDÆ.

Libythea. Lat.

242 Celtis. Fab . . . . 1 »

APATURIDÆ.

Charaxes. Och.

243 Jasius. L . . . . 3 »

Apatura. Och.

244 Iris. L . . . . » 75 1 50
   a. ab. Berol. F . . . . . .
      Iole. H . . . .
245 Ilia. Fab . . . . . » 50 1 »
   a. v. Clytie. H . . . » 50 1 »
      v. Astasia. H . . . . . .
      v. Iris rubescens. Rossi . .
      v. Iris Metis. Kind . . . .
      Marsyas. Kind . . . . . .
246 * Ammonia. H. S . . . . .

SATYRIDÆ.

Arge.

247 Halimede. Menet . . . . .
248 Lachesis. Hb . . . . » 50 » 60
   a. v. Ætnensis. Bdv . . . . .
249 Hylata. Menet . . . . . .
250 Galathea. L . . . . » 25
   a. v. Procida. Herbst . . » 50 » 75
   b. v. Galene. O . . . . . .
   c. v. Leucomelas. Hb . . . 1 »
   d. v. Turcica . . . .
251 Clotho. Hb . . . . . . 1 »
   a. v. Atropos. Hb . . . » 2 3 »
      * Xenia. Kind . . . . . .
252 Cleanthe. Bdv . . . . . . 1 »
253 Herta Dahl 1 25
   a. v. Larissa. Parr 1 50
      * Astanda. Kind . . . . .
254 * Titea Klug . . . . . .
255 * Teneates. Menet . . . .
256 Pherusa. Dahl . . . » 4 5 »
   a. v. Plesaura. Bellier . . . .
257 Amphitrite. Hb . . . . . .
258 Psyche. Hb . . . . » 50 » 60
      Syllius. Herbs . . . . . .
   a. ab. Ixora . . . .
259 Ines. Hoffm . . . . . 2 »

Erebia.

260 Cassiope. Fab . . . . » 50 » 60
   a. v. Melampus. Bdv . . . .

b   v. MNEMON Haw . .

261 EPIPHRON? Fab. . . . 1 »   1 50
262 ARETE. Fab. . . . . . .
263 PHARTE. Esp. . . . . . . 1 »
264 MELAMPUS. Esp. . . . . . » 60
265 MNESTRA. Esp. . . . . . . » 75
266 PYRRHA. Hb. . . . . » 50
    a. v. COECILIA. Hb.. . . . . 1 »
    b. v. BUBASTIS. Fr.. . . . . .
267 * THEANO Ev.. . . . . . .
268 OEME. Hb. . . . . 1 »
269 CETO. Hb. . . . . 1 »
270 ERIPHILE? Frey. . . . . .
271 PSODEA. Och. . . . . . .
    a. v. EUMENIS. Dahl. 1 25
272 MEDUSA. Fab. . . . . . » 50
    a. v. HIPPOMEDUSA. . . . . . » 75
273 STYGNE. Och. . . . . . » 40
274 EVIAS. God. 1 25
275 EPISTYGNE. Bdv. 1 50
276 AFRA. Fab. . . . 1 50   2 »
    a. v. ♀ DALMATA. G. . . . . .
277 MELAS. Hebts. . . . 1 50   2 »
278 LEFEBVREI. Bd v . . . . .
279 NERINE. Tr. . . . .
    a. v. STYX. Esch. . . .
280 PARMENIO. Bœb. . . . .   –
281 SCIPIO. Bd . . . . . .1 50   2 »
282 ALECTO. Hb. . . . .
    a. v. GLACIALIS. Esp . . .
    b. v. TISIPHONE. Esp. . . . .
    c. v. PLUTO. Esp.. . . . . .
283 ARACHNE. Fab. . . . . . » 60
    Pronoc Och. . . . . . .
    a. v. ♀ STYX. F. . . . . .
    b. v. PITHO H. . . . .
284 * MELANCHOLICA. Bisch.. . . .
285 BLANDINA. FAB. . . . . . » 40
    Medea. Hb. . . . . . .
    a. v. NEORIDAS. Frey. . . .
286 NEORIDAS. B . . . . 1 »
287 LIGEA. L. . . . . » 30
288 * SEDAKOVII. Ev.. . . . . .
289 * MELUSINA. Kef.. . . .
290 EURYALE. Esp . . . . » 50

a. v. PHILOMELA. Hb . . . . .
b. v. ADYTE. Hb . . . . . . 1 »
291 EMBLA. Th. . . . .
292 DISA. Th. . . . .
293 GOANTE Esp. . . . . » 75
294 GORGE. Esp. . . . . » 60
    a. v. ERINNYS. Esp.. . . . . 1 »
295 GORGONE. Bdv. 1 50
296 MANTO. Fab . . . . » 75
    a. v. CASTOR. Esp. . . . . .
    b. v. POLLUX. Esp. . . . . . .
297 DROMUS. Fab. . . . . » 40
    Tyndarus. Esp. . . . . .
    a. v. CASSIOIDES. Esp. . . . .
298 * CYCLOPIUS. Ev.. . . . . .
299 * OCNUS. Ev.. . . . .
300 ' KEFERSTEINII. Ev.. . . . .

Chionobas.

301 AELLO Esp. 1   1 50
302 NORNA. Th. . . . .
    a. v. HILDA. Quens.. . . . . .
    b. v. CELOENO. H. . . . . . .
303 TARPEIA Fab. . . . . . .
304 JUTTA Hb. . . . .
305 BALDER. Bdv. . . . .
306 BOOTES Bdv. . . . .
307 * TAYGETE. H. S.. . . . . .
308 * URDA Ev.. . . . .
309 * SCULDA. Ev.. . . . . . .
310 BORE Hb. . . . .
311 OENO. Bdv . . . .
312 ALSO. Bdv. . . . .
313 * NANNA. Men.. . . . . . .

Satyrus.

314 ACTÆA. Esp. . . . . . . » 50
    a. v PODARCE. Och. . . . .
315 CORDULA. Fab.. . . . . . 1 »
    ♀ Bryce. O. . . . . . .
    a. v. HIPPODICE. H.. . . . .
    b. v ♀ POEAS. H.. . . . . . .
316 VIRBIUS Kad. . . . . . .
317 PHÆDRA. L . . . . » 40   » 75
318 FIDIA. L. . . . . » 60   » 75
319 FAUNA. Fab . . . . » 30
    Statilinus. Och.. . . . . . .

a. v. ALLIONIA. Och . . . . 1 »
b. v. FATUA. Frey . . . .
320 HERMIONE. L . . . . » 40
  a. v. ALCYONE. Hb . . . . . . » 50
321 CIRCE. Fab . . . . . » 60 » 75
  Proserpina Hb . . . .
322 BRISEIS. L . . . . » 30
  a. v. ♀ PIRATA. Hb . . . . . 1 »
323 ANTHE. Boeb . . . .
  a. v. HANIFA. Kind . . . . .
324 " HEYDENREICHII. Kind . . . .
325 ANTHELEA. Hb . . . . . .
326 " TELEPHASSA. Klug . . . . .
  Mniszechii. Kind . . . . .
327 * BISCHOFFII. Wagn . . . . .
328 * PELOPEA. Klug . . . .
329 AUTONOE. Fab . . . .
330 SEMELE. L . . . . » 25
  a. v. ARISTÆUS. Bonn 1 25
331 HIPPOLYTE. Herbst . . 2 » 3 »
  a. v. BEROE. Friw . . . . . .
332 * GEYERI. Hs . . . .
333 ARETHUSA. Fab . . . . . . » 30
  a. v. ERYTHIA. Hb . . . . . . » 75
  b. v. BOABDIL. Ramb . . . . .
334 NEOMYRIS. God . . . . . .
  Iolaus. Bonn . . . .
335 NARICA. Hb . . . .
336 EUDORA. Fab . . . . » 40
  a. v. LUPINUS. Costa . . . . .
337 JANIRA. Och . . . . » 25
  a. v. HISPULLA. Esp . . . . . . » 50
338 * TELMESSIA. Zell . . . . . .
339 * JANIROIDES. Beck . . . . . .
340 NURAG. Ghil . . . .
341 TITHONUS. L . . . . » 25
342 IDA. Esp . . . . » 40
343 * WAGNERI. H. S . . . . .
344 PASIPHAE. Esp . . . . . . » 40
345 CLYMENE. Fab . . . .
  a v. ROXANDRA. Kind . . . .
346 ROXELANA. Fab . . . .
347 MÆRA. L . . . . » 25
  a. v. ADRASTA. Och . . . . . » 50
48 HIERA . . . . » 75 1 »
349 LYSSA? Bdv . . . .

350 MEGÆRA L . . . . » 25
351 TIGELIUS Bonn 1 50
352 ÆGERIA. L . . . . » 25
  a. v. MEONE. Hb . . . . . . » 50
  b. v. XIPHIA. Fab . . . . . .
353 DEJANIRA. L . . . . . » 25 » 40
354 HYPERANTHUS. L . . . . . . » 25
  a. ab. ARETE. MULL . . . . 2 »
355 ŒDIPUS. Fab . . . . » 75
  a. v. MIRIS. Fab . . . . 1 »
356 HERO. L . . . . » 40
357 IPHIS. Hb . . . . » 30
358 ARCANIUS. L . . . . » 25
359 PHILEA. Hb . . . . » 75
  Satyrion. Esp . . . .
360 AMARILLIS. Herbst . . . . . .
361 CORINNA. Hb . . . .
362 ' THYRSIS. Friw . . . .
363 DORUS. Esp . . . . » 50
364 LEANDER. Fab . . . . 1 »
365 DAVUS. L . . . . » 40
366 PAMPHILUS. L . . . . » 25
  a. v. LYLLUS. Esp . . . . . . 1 »
367 PHRYNE. Hb . . . . . 2 » 3 »
  a. *Tircis*. Ev . . . .
368 * DOHRNII. Zell . . . .

HESPERIDÆ. BDV.

Steropes. BDV.

369 ARACYNTHUS. Fab . . . . . . » 30
  Steropes. Hb . . . .
370 PANISCUS. Fab . . . . » 25
  a. v. SILVIUS. Hb . . . . 1 50 2 »
371 * ARGYROSTIGMA. Ev . . . . .

Hesperia. BDV.

372 LINEA Fab . . . . » 25
- *a*. v. VENULA. H . . . .
373 LINEOLA. Och . . . . » 30
374 SILVANUS. Fab . . . . . . » 25
375 COMMA L . . . . » 30
376 ACTÆON. Esp . . . . . . ' » 30
377 ÆTNA. Bdv . . . .
378 NOSTRADAMUS. Fab . . . 2 3 »
  Pumilio. Hb . . . .
  a. v. LEFEBVREI. Ramb . . . 3 »

Syrichtus. Bdv.

379 ALTHEÆ. Hb. . . . : » 75 1 »
380 MALVÆ. Fab. . . . » 25 » 40
  Malvarum. Och. . . .
381 LAVATERÆ. Esp. . . . . » 75
382 MARRUBII. Ramb. . . . 1 50
383 PROTO. Och. . . . . » 75
384 PHLOMIDIS. Friw.
  Jason. Kind.
385 SIDÆ. Fab. . . . 1 50 2 »
386 CYNARÆ. Bdv. . . . 2 »
387 ALVEUS. Hb. . . . . » 25
388 CACALIÆ. Ramb. . . . 1 25
389 TESSELLUM. Och. . . . 2 50
390 * LEAZÆ. Bdv.
391 * MACULATA. Bremer.
392 CRIBRELLUM. Ev. . . . 2 »
393 CARTHAMI. Och. . . . » 25
394 SERRATULÆ. Ramb. . . . » 75
395 ONOPORDI. Ramb. . . . 1 50

396 CIRSII. Ramb. . . . » 75
397 CARLINÆ. Ramb. . . . 1 »
398 CENTAUREÆ. Bdv.
399 FRITILLUM. Hb. . . . » 50
400 ALVEOLUS. Hb. . . . » 25
  a. v. LAVATERÆ. Fab. . . 1 »
  b. v. ? MELOTIS. Dup.
401 EUCRATE. Och. . . . 1 50
  a v. ORBIFER. Hb. . . . 1 »
402 * ORIGANI. Bdv.
403 THERAPNE. Ramb.
404 SAO. Hb. . . . » 30 » 50
  Sertorius. Och.
405 * MOESCHLERI. Kef.
406 * ALCIDES. Kind.
407 ' ANDROMEDES?

Thanaos. Bdv.

408 MARLOYI. Bdv.
409 TAGES. L. . . . . » 25
  a. v. CERVANTES. Grasl . . 2 »

HETEROCERA.

SESIIDÆ. H. S.
Paranthrena. H. S.

410 BROSIFORMIS. H. . . . 2 »
411 TINEIFORMIS. Och.
412 MYRMOSÆFORMIS. Heyd.

Bembecia. Hb.

413 MASARIFORMIS. Och.
414 HYLÆIFORMIS. Lasp. . . . 1 25
415 ANOMALA. Dahn

Trochilium. Scop.

416 BEMBECIFORMIS. Och.
417 APIFORMIS. L. . . . . » 25
418 TENEBRIONIFORMIS. Esp.
419 LAPHRIÆFORMIS. Tr.
420 SIRECIFORMIS. Lasp.

Sesia. Lasp.

421 ASILIFORMIS. Fab. . . . » 75

422 RHINGIÆFORMIS. Hb.
423 TENTHREDINIFORMIS. Hb. . . 1 »
424 BIBIONIFORMIS. Esp. . . . 2 »
425 BRACONIFORMIS. Friw.
426 * SCHIROCERIFORMIS. Koll.
427 ODYNERIFORMIS. Friw.
428 PHILANTHIFORMIS. Lasp. . . 1 50
429 DOLERIFORMIS. Mn.
430 MUSCÆFORMIS. Hb.
431 ASTATIFORMIS. Heyd. . . . 2 »
432 ALLANTIFORMIS. Ev.
433 CEPHIFORMIS. Och.
434 CONOPIFORMIS. Esp. . . . 2 »
  Nomadæformis. Lasp.
435 TIPULIFORMIS. L. . . . . 1 »
436 STELIDIFORMIS. Frey.
437 THYREIFORMIS. H. S.
438 ALYSONIFORMIS. Friw.
439 LEUCOPSIFORMIS. Esp. . . . 2 »
440 FENUSÆFORMIS. Friw.

441 SCOLIÆFORMIS. Hb. . . . . .
442 SPHEGIFORMIS. W. V. . . . . 2 »
443 MESIÆFORMIS. Kad . . . . . .
444 EMPHYTIFORMIS. H S . . .
445 ANDRENÆFORMIS. Lasp. . . . .
446 VINCINCTA. H. S . . . . .
447 UROCERIFORMIS. Tr . . . . .
448 ICHNEUMONIFORMIS. Fab . . . 1 50
449 MEGILLÆFORMIS Hb. . . . . .
450 CYNIPIFORMIS. Esp . . . . . 1 »
451 MELLINIFORMIS. Lasp. . . . . .
452 CHRYSIDIFORMIS. Esp 1 25
453 PROSOPIFORMIS. Och . . . . .
454 HALICTIFORMIS. H. S . . . .
455 FOENIFORMIS. Kad . . . . .
456 * ELAMPIFORMIS. Ev. . . . . .
457 ORYSSIFORMIS. Heyd . . . . .
458 DORYLIFORMIS. Och . . . . .
459 ELCERÆFORMIS, Och . . . . .
460 STOMOXIFORMIS. Schr. . . . .
461 FORMICÆFORMIS. Lasp. . . . 1 25
462 CULICIFORMIS. L . . . . » 75
463 MYOPÆFORMIS. Bork. . . . . .
    Mutillæformis Lasp. . . 1 »
464 THYNNIFORMIS. Lasp. . . . .
465 TYPHIÆFORMIS. Lasp. . . . . .
466 ANTHRACIFORMIS. Ramb . . .
467 OSMIÆFORMIS. H. S. . . . . .
468 MELRIÆFORMIS. Ramb. 2 50
469 SCHMIDTII. Zel. . . . .
470 LŒWII. Zel. . . . .
471 ICTEROPUS. Zel. . . . .
472 MAMERTINA. Zel. . . . .

Thyris. ILLIG.

473 VITRINA. Bdv. . . . .
474 FENESTRINA. Fab. . . . . . . » 75

SPHYNGIDÆ. BDV.

Macroglossa. OCH.

475 FUCIFORMIS. L. 50
476 BOMBYLIFORMIS. Och. . . . . » 30
    a.v. MILESIFORMIS. Dahl . . .
477 CROATICA. Esp. . . . .
478 STELLATARUM. L. . . . . . . » 2

Pterogon. BDV.

479 OENOTHERÆ. Fab. . . 1 » 1 50
480 GORGONIADES. Bdv. . . . . . .

Deilephila. OCH.

481 PORCELLUS. L. . . . . » 75
482 ELPENOR. L. . . . . » 30
483 ALECTO. L. . . . .
484 CRETICA. Bdv. . . . .
485 * OSIRIS. Dalm. . . . . . .
486 CELERIO. L. . . . . . 4 » 5 . »
487 NERII. L. . . . . 3 » 6 »
488 NICÆA. Deprun. . . . . 6 »
489 EUPHORBIÆ L. . . . . » 40
490 ESULÆ. Bdv. . . . .
491 GALII. Fab. . . . . 1 »
492 LINEATA. Fab. . . . . 2 »
493 DAHLII. Tr . . . . 4 »
494 * TITHYMALI. Bdv. . . . . . .
495 * ZYGOPHYLLI. Hb. . . . . . .
496 HIPPOPHAES. Esp 1 50
497 EPILOBII. Bdv . . . .
498 VESPERTILIOIDES. B. . . . . .
499 VESPERTILIO. Fab 1 50

Sphinx OCH.

500 PINASTRI. L. . . . . . . » 75 1 »
501 LIGUSTRI. L. . . . . » 40
    a.v. SPIRÆ. H. . . . .
502 CONVOLVULI. L. . . . . » 50

Acherontia. OCH.

503 ATROPOS. L. . . . . 1 »

Smerinthus. OCH.

504 TILIÆ. L . . . . » 25
    a.v. ULMI. Schunc. . . . . . . 1 »
505 POPULI. L. . . . . » 25
506 QUERCUS. Fab. . . . . . 3 4 »
507 TREMULÆ Zetter. . . . . . .
508 OCELLATA. L. . . . . » 50

ZYGÆNIDÆ. LAT.
Zygæna LAT.

509 ERYTHRUS. Hb. . . . 1 50 2 »
510 RUBICUNDUS. Hb. . . . . . .
511 PLUTO. Och. . . . .

512 Minos. W. v.	»	25
513 Brizæ. Esp.	»	75
514 Kefersteinii. Friw.		
515 Scabiosæ. Hb.	»	60
516 Dalmatina. Bdv.		
517 Triptolemus. Hb.		
518 Orion. Kef		
519 Heringii. Zell.		
520 Puncium. Och..	»	75
521 Contaminei. Bdv.	1	50
522 Sarpedon. Bdv.	»	75
a.v. Balearica. Bdv.. . . .	1	»
523 Achilleæ. Esp.	»	30
524 Uralensis.		
525 Janthina? Bdv.		
526 Exulans. Esp.	»	50
a.v. Biforquata. Menet. . .		
527 Cynaræ. Esp.	»	75
528 Serpylli. Bdv.		
529 Meliloti. Esp.	»	40
530 Celeus. Kad..		
531 Evandrus. Kad..		
532 Dahurica. Bdv.		
533 Nevadensis. Bdv.		
534 Trifolii. Esp.	»	30
a.v. Orobi. Hb..		
535 Palustris. Bd.	»	40
536 Loniceræ. Esp..	»	25
537 Syracusia. Zell.	1	50
538 Filipendulæ. L.	»	25
539 Transalpina. Hb..	1	»
540 Alpina? Gn.	1	»
541 * Laphria.		
542 Angelicæ. Och.	»	50
543 Australis. Bd.		50
544 Hippocrepidis. Och	»	25
545 Medicaginis. H.	1	25
546 Caucasica. Bdv.	2	»
v. Stœchadis. Bdv		
Lavandulæ. H.		
547 Mannii Nick.		
548 Mannerheimii. Silb		
549 Charon. Bdv.		
550 Stenzii. Hs.		
551 Dorycnii. Och		

552 Centaureæ. Fisch		
553 Mediterranea.H. S..		
554 Peucedani. Esp	»	30
a.v. Athamantæ. Esp. . . .	»	30
b.v. Æacus. Fab..		
555 Ephialtes. Fab	»	75
a Hybr. Falcatæ. H	1	25
b v. Coronillæ.	1	»
556 Lavandulæ. Fab	»	60
Spicæ. Hb..		
557 Kiesenwetteri. H S. . . .		
558 Hauthographa. Kef		
559 Sandozi. Bdv.		
560 Rhadamanthus Esp	»	50
v. Stœchadis. Bd.		
561 Oxytropis. Bdv.	2	50
562 Olivieri. Bdv..		
Scovitzii Menet		
563 Sedi. Fab.		
564 Fraxini. Menet.		
565 Onobrychis. Fab	»	30
a.v. Hedysari. H.		
b.v. Astragali. H		
566 Occitanica. Devil	»	50
567 * Rognada. Kind.		
568 Faustina. Och.		
569 Bætica. Ramb.		
570 Fausta.L. . . . . . » 30	»	50
571 Algira. Bdv.		
572 Formosa. Kind		
573 Hilaris. Och.	1	25
574 Læta. Esp.	1	50
575 Anthyllidis. Bd.	1	50
576 * Lætifica. H. S.		
577 * Ganymedes. Kind.		
578 Corsica. Bdv..	2	»
579 Dimensis.		
580 * Oribasus. Kef		
581 * Barbara. H.S.		
582 * Wiedmannii. Menet. . . .		
583 Ochsenheimeri. Zel.		

Syntomis. Illig.

584 Phegea. L..	»	50
a.v. Clelia. Esp..		
b.v. Iphimeda. Esp		
c.v. Major.	1	»

Procris. Fab.

585 Statices. L.-. . . . . » 25
  a.v. Geryon. Hb. . . . . . . » 50
  b.v. Micans. Frey . . . . .
586 Cognata. Ramb. . . . . .
587 Chrysocephala. Nick . . . 1 »
588 Globulariæ. Esp . . . . . » 40
  a.v. Chloros. Hb. . . . . .
589 Tenuicornis. Z . . . . . .
590 Ampelophaga. Hb . . . 1 25
591 Pruni. Fab. . . . . » 30
592 Sepium. Bdv 1 50
593 * Amasina . . . .
594 Infausta. L. . . . . » 40

Heterogynis.

595 Penella. Hub. . . . . . . 1 »
596 Paradoxa. Ramb . . . . .
597 Affinis Ramb . . . . .
  a.v. Hispana. Ramb. . . . . .

LITHOSIDE. Bdv.
Dejopeia. Curt.

598 Pulchra. Esp. . . . . . . » 50

Emydia. Bdv.

599 Bipuncta. H . . . .
600 Funerea. H. S . . . . . .
601 Coscinia. O . . . . . .
602 Grammica. L. . . . . . . » 30
603 Rippertii. Bdv . . . . .
604 Cribrum. L. . . . . » 60
  a.v. Candida. Och . . . . . > 60
  b.v. Bifasciata. Ramb. . .
  c.v. Punctigera. Frey . . .

Melasina. Bdv·

605 Ciliaris. Och. . . . . . .

Lithosia. Bdv.

606 Rubricollis. L . . . . . . » 30
607 Atratula. H. S. . . . .
608 Quadra. Fab. . . . . . . » 30
609 Griseola. Hb. . . . . . . » 25
610 Complana. L . . . . . . » 25
611 Complanula Bdv . . . . . » 30
612 Caniola. Hb . . . . » 30
  a.v. Albeola. Hb. . . . . ,

613 ? Lacteola. Bdv. . . . . . .
614 Depressa. Esp. . . . . » 60
615 Arideola. Steph. . . . . .
616 Helveola. Och . . . . . . » 60
617 Unita. Hb. . . . .
618 Gilveola. Och. . . . . . . » 50
619 Luteola Hb. . . . . » 50
620 Plumbeola. H. S. . . . . .
621 Morosina. Kef. . . . . . . ,
622 Vitellina. Tr. . . . . . . » 75
623 Aureola. Hb. . . . . . . » 25
624 Cerlola. Stob. . . . . .
625 Nucerda. Hb. . . . . . . » 50
626 Mesogona. God. . . . . .
  a.v. Rufeola. B. . . . . . .
627 Obtusa. H. S . . . . .
628 Mesomella. L. . . . . . . » 25
629 Rosea. Fab. . . . . » 30

Setina. Bdv.

630 Roscida. Fab. . . . . . . » 75
631 Irrorea. Hb. . . . . » 25
632 Flavicans. Bdv. . . . . . 1 »
633 Kuhlweinii. Bdv. 1 25
634 Aurita. Esp. . . . . . . » 60
635 Ramosa. Fab. . . . . . . » 60
  a.v. Mellanomos. Nick . .
636 Anderreggii. H. S . . .
637 Aurata. Menet. . . . . .

Naclia. Bdv

638 Ancilla. L. . . . . » 50
639 Famula. Frey. . . . . . .
640 Punctata. Fab. . . . . . . » 50
641 Hyalina. H. S. 1 50

Nudaria. Steph.

642 Senex. Hb. . . . . , . .
643 Mundana. L. . . . . » 30
644 Murina. Esp. . . . . » 50
645 Cinerascens. H. S. . . . . .

Nola. Leach.

646 Togatulalis. Hb. . . . . . .
647 Strigulalis. Hb. . . . .
648 Palliolalis. Hb. . . . . . .

649 Cicatricalis. Fisch. . . . . .
650 Centonalis. Hb. . . . . . .
651 Confusalis. H. S. . . . . .
652 Anticifalis H. S. . . . .
653 Cristulalis. Hb. . . . . . .
654 Chlamydulalis. Hb. . . . . .
655 Albulalis. Hb. . . . .

CHELONIDÆ. Bdv.

Euchelia. Bdv.

656 Jacobeæ. L. . . . . » 25

Callimorpha. Bdv.

657 Dominula. L.. . . . . » 25
   a.v. *Alis posticis luteis.* . . .
658 Donna. Esp.. . . . .
   Persona. O. . . . .
659 Menetriesii. H S. . . . .
660 Hera. L. . . . . » 50

Trichosoma. Ramb.

661 Corsicum. Ramb.. . . . . .
662 Bæticum. Ramb.. . . . . .
663 Parasitum. Esp. . . . . .
664 Hemigenum. Grasl. . . . .
665 Pudens. Lucas . . . . . .

Nemeophila. Steph.

666 Russula. L. ♂ 25 ♀ . . . » 50
667 Plantaginis. L. ♂ 40 ♀ . » 60
   a.v. Hospita. W.. . . . . . » 75
   b.v. Caucasica. Menet. . . .

Chelonia. Lat.

668 Quenselii. Payk. . . . . .
669 Lapponica.. Th. . . . . .
670 Aulica. L.. . . . . » 75
671 Civica. Hb . . . . 2 »
   Curialis. O. . . . .
672 Dejeanii. God. . . . . . .
673 Matronula. L. . . . 5 » 6 »
674 Villica. L . . . . » 40
   a.v. Angelica. . . . .
675 Thulla. Dalm. . . . . . .
676 Latreillii. God. . . . . . .
677 Fasciata Esp. . . . . . . 2 »
678 Pudica. Esp. . . . . 1 »
679 Dahurica. Bdv.. . . . . .

680 Glaphyra. . . . .
681 Purpurea. L. . . . . » 60
682 Caja. L. . . . . » 25
683 Flavia. Esp.. . . . . . .
684 Caucasica. . . . .
685 Hebe. L. . . . . » 75
686 Intercalaris. . . . .
687 Casta. Fab. . . . .
688 Honesta. . . . .
689 Maculosa. Fab. 1 50
690 Simplonia. Anderreg. . . .
691 Zoraida. Grasl. . . . . . .

Arctia. Bdv.

692 Fuliginosa. L. . . . . » 25
693 Placida. Bdv. . . . . . .
694 Luctifera. Fab. . . . . . » 75
695 Rivularis. Menet. . . . .
696 Lubricipeda. . . . . » 25
697 Menthastri. Fab. . . . . » 25
   a.v. Walkerii. Curtis. . . .
698 Urticæ. Esp.. . . . . . . » 50
699 Mendica. L.. . . . . . . » 25
   a.v. Rustica. H. . . . . . .
700 Luctuosa. Hb. . . . . . .
701 Sordida. Hb. 1 50
702 Intercisa. Tr. . . . . . .

LIPARIDÆ. Bdv.

Liparis.

703 Morio. L. . . . . » 50
704 Detrita. Esp. . . . . . . 1 »
705 Saxicola. Bdv . . . . . .
706 Rubea. Fab. 1 50
707 Monacha. L. . . . . . . » 30
   a.v. Eremita. Hb . . . 2 »
708 Dispar. L. . . . . » 25
709 Atlantica. Ramb. . . . .
710 Terebinthi. Tr. . . . . .
711 * Ochropoda. . . . . . .
712 * Lapidicola. . . . . . .
713 Salicis L. . . . . » 25
714 Auriflua. Fab. . . . . . » 25
715 Chrysorrhea. L. . . . . . » 25

Orgya.

716 V. Nigrum. Fab. . . . . . . 1 »
717 Cenosa. Hb. 1 50
718 Pudibunda. L. . . . . . . » 25
719 Abietis. Esp. . . . . . .
720 Fascelina. L. . . . . . » 30
721 Selenetica. Esp. . . . . . 1 »
722 Gonostigma. Fab. . . . . » 75
723 Antiqua. L. . . . . » 25
724 Ericæ. Germ . . . . . .
725 Rupestris. Ramb. . . . .
726 Trigotephras. Bdv. . . . . 2 »
727 Corsica. Bdv. . . . . . . -
728 Aurolimbata. de Vil . . .
729 Dubia. Hb. . . . .
   a.v. Splendida Ramb. . . . 3 »

Demas. Steph.

730 Coryli. L. . . . . » 30

BOMBICIDÆ. H. S.

Bombyx. Bdv.

731 Neustria. L. . . . . » 25
732 Castrensis. L . . . . » 30
733 Franconica. Fab. . . . . 1 »
734 Lanestris. L. . . . . . . » 50
735 Everia. Fab. . . . . » 60
736 Catax. L. . . . . 2 »
737 Loti. Hb. 1 50
738 Neogena. Fisch . . . . . .
739 Herculeana. Ramb. . .
740 Pityocampa. Fab. . . . . » 75
   a.v. Pinivora. Kulw. . . . .
741 Solitaris. Kind. . . . . . .
742 Processionea. L. . . . . » 50
743 Cratægi. L. . . . . » 50
744 Ilicis. Ramb. . . . . . .
745 Populi. L. . . . . » 40
746 Dumeti. L. . . . . 2 »
747 Taraxaci. Fab 2 50
748 * Balcanica. H. S . . . .
749 Rubi. L. 1 ♂ 50 ♀ . . . .
750 Quercus. L. . . . . » 25
751 Sparti. Hb. . . . .
752 Callunæ. Pal. . . . . . .

753 Trifolii. Fab. . . . . . . » 50
   a.v. Medicaginis. Och. . . . » 50
754 Cocles. Hb . . . .
755 Iberica. Gn . . . .
756 Serrula. Gn. . . . .
757 Ratamæ. H. S . . . . . .
758 Terreni. H. S . . . .
759 Eversmanni. Frey. . . . . .

Odonestis. Lat.

760 Potatoria. L . . . . » 50

Lasiocampa. Lat.

761 Pini. L . . . . » 75 1 »
762 Pruni. L. 1 50
763 Quercifolia. L . . . . . . » 50
   a.v. Ulmifolia. Dahl . . .
764 Alnifolia. Och. . . . . . . 2 »
765 Populifolia Fab. . . . . . » 2 »
766 Betulifolia. Fab . . . . . 1 »
767 Ilicifolia. L 1 75
768 Suberifolia. Ramb . . . .
769 Lobulina. Hb. . . . . . . 2 »
770 Lineosa. Bdv . . . . . . 2 »
771 Orus. Drury. . . . .

Megasoma, Bdv.

772 Repandum. Hb. . . . .

SATURNIDÆ. H. S.

Saturnia. Schr.

773 Pyri. Bork. . . . . » 50
774 Spini. Bork. 1 25
775 Carpini. Bork. . . . . . . » 30
776 Boisduvalii. Ev. . . . . . .
777 Cæcigena. Hb . . . .
778 Isabellæ. Grael. . . . . . .

ENDROMIDÆ. Bdv.

Aglia.

779 Tau. L. . . . 1 ♂ 50 ♀.

ENDROMIS. Och.

780 Versicolora L. ♂ 1 ♀. 1 50

COSSIDÆ. H. S.

Cossus. Bdv.

781 Ligniperda. Fab . . . . » 50

782 TEREBRA. Fab...		
783 * PARADOXUS. H. S...		
784 COESTRUM. Hb...		
785 THRIPS. Hb...		

Zeuzera. LAT.

786 ÆSCULI. L.	1	50
787 ARUNDINIS. Hb.	1	50

Endagria BDV.

788 PANTHERINA. Bdv.	1	»

Stygia. DRAP.

789 AUSTRALIS. Drap.	3	»
790 * AMASINA. H. S...		

Chimæra. BDV.

791 FULGURITA. Fisch...		
792 APPENDICULATA. Esp	1-1	50
Sph Chimæra. H...		
793 PUMILA. O...	1-1	50
794 PUSILLA. Ev...		
795 CONFINIS. Bdv...		
796 ORBONATA. Bdv...		
797 RADIATA. O...		
798 FUNEBRIS. Tr...		
799 NANA. Tr...	1	50

HEPIALIDÆ H. S.

Hepialus. FAB.

800 HUMULI. L.	»	50
801 VELLEDA. Hb.	1	»
802 CARNUS. Fab...		
803 SILVINUS. L.	»	50
804 AMASINUS. H. S...		
805 GANNA. Hb...		
806 LUPULINUS. L.	»	40
807 HECTUS. L.	»	30
808 PYRENAICUS. Donz...		

COCLIOPODE.

Limacodes. Lat.

810 TESTUDO. God.	»	25
811 ASELLUS. Fab.	»	75

PSYCHIDÆ.

Typhonia. BDV.

812 LUGUBRIS. Ochs...		
813 MELAS. Bdv...		

Psyche. SCHR.

814 PULLA. Esp.	»	50
815 PLUMELLA. Och.	»	30
816 NITIDELLA. H.	»	50
817 GRUNERIELLA. Sich...		
818 RADIELLA. Curt...		
819 RETICULATELLA. Brd...		
820 UNDULELLA F. R...		
821 RETICELLA. Curt...		
822 BOMBYCELLA. W. V.	»	75
823 PECTINELLA. Fab...		
824 CALVELLA. Och.	»	25
825 HELICINELLA. H. S...		
826 PLUMISTRELLA. Och...		
827 PELLUCIDELLA. Mann	»	75
828 SURIENTELLA. Bd...		
829 NUDELLA. Och...		
830 PSEUDOBOMBYCELLA. Hb...		
831 POLITELLA. Och...		
832 MURINELLA. Bd...		
833 CLANDESTINELLA. Man...		
834 ATRA. L...		
835 APIFORMIS. Rossi...		
836 URALENSIS. Kind.		
837 CONSTANCELLA. Mil...		
838 HIRSUTELLA. W. V...		
839 MASSILIALELLA. Led...		
840 TABANILLA. Bdv...		
841 PLUMIFERA. O.	»	75
842 ZELLERI. Mann.	1	25
843 MUSCELLA. W. V.	»	75
844 PLUMIGERELLA. H...		
845 TARNIELLA. Brd...		
846 MYRMIDONELLA. Gué...		
847 ROTUNDELLA. Brd...		
848 LEDERERIELLA. Brd...		
849 PONTBRIENTELLA. Mil...		
850 NIGROLUCIDELLA. Brd...		
851 IMITIDELLA...		
852 VICIELLA. W. V...		

853 Fasciculella. H. S			
854 Sietinella Her.			
855 Albida. Esp.	1 50		
856 Lorquiniella Brd.			
857 Plumosella. Ramb.			
858 Febretta. Fonsco.			
859 Grandiella. And.			
860 Villosella. Och.			
861 Nigricantella. Curt. . . .			
862 Cinerella Dup.			
863 Casanella. Bdv			
864 Magnirerella. Brd.			
865 Graminella. W. V. . . .	» 50		
866 Magnella. Bdv.			
867 Erksteiniella. Led.			
868 Opacella. H. S.			
869 Siculella. Bdv.			
870 Bicolorella. Bdv.			
871 Hirtella. Bdv.			
872 Stomoxella. Bdv.			
873 Sicheliella. Brd.			
874 Saxicolella. Brd.			
875 Crassiorella Gué.			
876 Roboricolella. Brd. . .			
877 Anicanella. Brd			
878 Salicolella. Brd.			
879 Tabulella. Gué.			
880 Conspurcatella Kol. . . .			
881 Clathrella. Tr.			
882 Lichenella. L.			
883 Triquetrella. Hb.	» 50		
884 Inconspicuella. Curt. . . .			
885 Linguliformella. Brd. . . .			

DREPANULIDÆ H. S

Cilix. Leach.

886 Spinula. Hb.	» 50

Platypteryx. Lasp.

887 Lacertula. Hb.	» 50
888 Sicula. Hb.	1 »
889 Curvatula. Lasp.	1 »
890 Falcula. Hb.	» 40
891 Hamula. Esp.	» 50
892 Unguicula. Hb.	» 50

NOTODONTIDÆ. H. S.

Dicranura. Lat.

893 Verbasci. God	3 »
894 Bicuspis. Hb.	
a.v. Integra. Steph.	
895 Bifida. Hb.	» 75
896 Fuscinula. H.	
897 Furcula. L.	1 50
a.v. ? Urocera.	
b.v. Latifascia. Curtis. . . .	
898 Erminea. Esp.	1 25
899 Vinula. L.	» 30
a.v. Minax. H.	
900 Phantoma. Dalm.	

Harpyia. Och.

901 Fagi. L.	1 25
902 Milhauseri. Fab.	

Uropus. Ramb.

903 Ulmi. Bork.	1 25

Asteroscopus. Bdv.

904 Cassinia. Hb.	» 50
905 Nubeculosa. Esp.	1 »

Ptilodontis. Steph.

906 Palpina. L.	» 30

Lophopteryx. Steph.

907 Camelina. L.	» 30
a.v. Giraffina. H.	» 50
908 Cucullina. W. V.	1 25
909 Carmelita. Esp.	

Leiocampa. Steph.

910 Dictæa. L.	» 30
911 Dictæoides. Esp.	» 75

Notodonta. Och.

912 Dromedarius. L.	» 50
913 Tritophus. Fab.	1 25
914 Ziczac. L.	» 40
915 Torva. Och.	1 25

Peridea. Steph.

916 Trepida. Fab.	» 60
917 Melagona. Bork.	2 »
918 Velitaris. Esp.	» 75

919 BICOLORA. Fab . . . . 1 »
   *a.*v. ? ALBIDA. Zet. . . . . .
920 ARGENTINA. Fab. . . . .

Drymonia. H. S.

921 QUERNA. W. V. . . . . 2 »
922 CHAONIA. Hb. . . . . . . » 75
923 DODONÆA. W. V. . » 60
   *a.*v. TRIMACULA. Esp. . . .
924 HYBRIS. Hb. . . . .

Ptilophora. STEPH.

925 PLUMIGERA. Fab. . . . . . » 60

Gluphisia. BDV.

926 CRENATA. Esp. 1 25

Diloba.

927 COERULEOCEPHALA. L. . . . . » 30

Pygæra. BDV.

928 BUCEPHALA. L. . . . . . . » 25
929 BUCEPHALOIDES. Hb. . . . 1 25

Clostera. HOFFM.

930 CURTULA. L. . . . . » 30
931 ANACHORETA. Fab . . . . . » 30
932 RECLUSA. Fab. . . . . . . » 30
933 ANASTOMOSIS. L. . . . . . » 60
934 TIMON. Hb. . . . .

NOCTUO-BOMBYCIDÆ. BDV.

Thyatyra. OCH.

935 DERASA. Lin. . . . . 1 »
936 BATIS. Lin. . . . . » 50

Cymatophora. TR.

937 DUPLARIS. Lin. . . . . . » 75
   Bipuncta. D. Bdv. . . . .
938 FLUCTUOSA. Hb. . . . . . . 1 »
939 RUFICOLLIS. W. V. . . . .
940 DILUTA. W. V. . . . . . » 75
941 OR. W. V. . . . . » 40
942 OCULARIS. Lin. . . . . . . » 60
   Octogesima. Engr . . . . .
943 FLAVICORNIS. Esp. . . . . . » 30
944 RIDENS. Fab. . . . . » 50

BRYOPHILIDÆ. GN.

Bryophila. Tr.

945 RAVULA. Hb. . . . . » 50
   Lupula. Dup. . . . .
   Raptricula. Bdv. . . . . . .

946 VANDALUSIÆ. Dup. . . . . .
947 EREPTRICULA. Tr. . . . . 1 »
948 TROGLODYTA. Frey. 1 25
949 PETREA. Gn. . . . .
950 DECEPTRICULA. Hb. . . . . 1 »
   *a.*v. RAPTRICULA. Hb. . . . .
951 SIMULATRICULA Gn . .
952 FRAUDATRICULA. Hb. . . . . » 75
953 RECEPTRICULA. Hb. . . . .
954 ALGÆ. Fab. . . . . . . » 50
   *a.*v. STRIGULA. Dup. . . . » 40
   *b.*v. MENDACULA. Hb. . . . .
   *c.*v. CALLIGRAPHA. Bork . . .
955 PERLA. W. V. . . . . . . » 25
956 PERLOIDES. Gn. . . . . .
957 GLANDIFERA. W. V. . . . » 30
   *a.*v. PAR. Hb. . . . . . . » 25

BOMBYCOIDÆ. BDV.

Diphtera. OCH.

958 LUDIFICA. Lin. . . . . . . 1 »
959 ORION. Sepp. . . . . » 60
960 COENOBITA. Esp . . . . . . 2 »

Colocasia. OCH.

961 GEOGRAPHICA. Fab . . . . 1 »
962 CHAMÆSYCES. Gn. 1 25

Acronycta. OCH.

963 TRIDENS. Ræs. . . . . . . » 50
964 PSI. Lin. . . . . » 25
965 CUSPIS. Hb. 1 25
966 LEPORINA. Lin. . . . . . . » 60
   *a.*v. BRADYPORINA Tr. . . . » 75
967 ACERIS. Lin. . . . . » 25
   *a.*v. CANDELISEQUA. Esp. . . .
968 MEGACEPHALA. W. V. . . . » 25
969 STRIGOSA. Fab. 1 50
970 ALNI. Lin. . . . . : . . 4 »
971 LIGUSTRI. Fab . . . . . . » 60
972 RUMICIS. Lin. . . . . . . » 25
973 AURICOMA. Ræs . . . . . . » 40
   *a.*v. PEPLI. Hb. . . . . . .
974 MENYANTHIDIS. Esp. . . . . 1 »
   *a.*v. SALICIS. Curt. . . . . .
975 EUPHORBIÆ. W. V. . . . . » 50

a. v. Montivaga. Gn. . . . .

976 Euphrasiæ. Dup. . . . . » 40

a. v. Esulæ. H. . . . . . .

977 Abscondita. Tr. . . . . . .

978 Myricæ. Gn. . . . . . .

Simyra. Och.

979 Dentinosa. Frey . . .

980 Nervosa. W. V. . . . . 2 »

981 Torosa. Gn. . . . .

982 Venosa. Bork. . . . . . » 75

983 Bussneri. Hering. . . . . .

LEUCANIDÆ. Gn.

Synia. Dup.

984 Musculosa. Hb. . . . . . 2 »

985 Maculata. Ev. . . . . . .

Mithymna. Och.

986 Imbecilla. Fab. . . . . . » 75

Leucania. Och.

987 Conigera. W. V. . . . . . » 75

988 Vitellina. Hb. . . . . . . » 75

989 Turca. Lin. . . . . » 60

990 Lithargyria. Esp. . . . . » 50

991 Albipuncta. W. V. . . . » 60

992 Dactylidis. Bdv. . . . . .

993 Scirpi. Bdv. . . . . . .

994 Montium Bdv . . . . . .

995 Cyperi. Bdv. . . . . . .

996 Zeæ. Dup. 1 50

997 Herrichii . . . .

998 Punctosa. Tr. 1 50

999 Putrescens. Hb. 1 50

1000 Obsoleta. Hb. . . . . . » 50

1001 Loreyi. Dup. . . . . . .

1002 Littoralis. Curt. . . . . 2 »

1003 Velutina. Ev. . . . . . .

1004 Pudorina. W. V. . . . . » 60

1005 Impudens. Hb. . . . . .

1006 Comma. Lin. . . . . . » 75

1007 Lineata. Ev. . . . . .

1008 Anderreggii. Bdv . . . .

1009 Alopecuri. Bdv. . . . .

1010 L. Album. Lin. . . . . » 50

1011 Riparia. Ramb. . . . . . .

1012 Congrua. Hb. . . . .

1013 Sicula. Tr. . . . .

1014 Straminea. Tr. . . . . . .

1015 Impura. Albin. . . . . . . » 30

1016 Pallens. Lin. . . . . » 25

a. v. Ectypa. Bdv. . . . .

1017 Ectypa. Hb. . . . .

1018 Furcata. Ev. . . . .

1019 Verecunda. Ev. . . . . . .

1020 Phragmitidis. Hb. . . . . .

Sesamia. Gn.

1021 Nonagrioides. Lefeb. . . . . .
Hesperica. Ramb. . . . . .

Meliana. Curt.

1022 Flammea. Curt. . . . . . .

1023 Dubiosa. Tr. . . . .

Senta. Steph.

1024 Ulvæ. Hb. . . . .

a. v. Bipunctata. Haw. . . .

Nonagria. Och.

1025 Despecta. Tr. . . . .

1026 Fulva. Hb. . . . .

1027 Extrema. Hb. . . . . . .

1028 Concolor. Gn. . . . . . .

1029 Hellmanni. Ev. . . . . . .

1030 Junci. Bdv. . . . .

1031 Elymi. Tr. . . . .

1032 Neurica Hb. . . . .

1033 Dissoluta. Tr. . . . .
Hessii. Bdv . . . .

1034 Paludicola. Hb. . . . . . . » 40

a. v. Guttans. H. . . . . . . » 50

1035 Nexa. Hb. . . . .

1036 Cannæ. Tr . . . . » 60

1037 Sparganii. Esp . . . . . 1 »

1038 Typhæ. Esp . . . . . . » 50

a. v. Nervosa. Esp. . . . . » 75
Fraterna. Frey. . . . . .

1039 Hospes. Tr. . . . .

1040 Lutosa. Hb. . . . . . .
Bathyerga. Bd. . . . . .

3

GLOTTULIDÆ. Gn.

Glottula. Gn.

1041 Pancratii. Cyr. . . . . . . 1 »
1042 Encausta. Hb . . . . . .

APAMIDÆ. Gn.

Gortyna. Och.

1043 Lunata. Frey. . . . . . .
    a. v. Borelii. Pierret . . . .
1044 Xanthenes. Germ. . . . .
1045 Mæsiaca. H. S. . . . . .
1046 Flavago. W. V. . . . . » 75

Hydrœcia. Gn.

1047 Nictitans. Lin. . . . . . 1 »
    a. v. Erythrostigma. Haw. . .
    b. v. Lucens. Hers. Sch. . .
1048 Cuprea. W. V. . . . . . 1 »
1049 Vindelicia. Frey. . . . .
    a. v. Petasitis. Dbd. . . . .
1050 Micacea. Esp. . . . . . .

Axylia. Hb

1051 Putris. Lin . . . . » 30

Xylophasia. Steph.

1052 Zollikofferi. Frey. . . . .
1053 Lateritia. Esp . . . . . » 75
1054 Rurea. Fab. . . . . . . » 40
    a. v. Alopecurus. Esp. . . .
      Combusta. Hb. . . . . . » 60
1055 Aquila. Donz . . . . . .
1056 Lithoxylæa. W. V. . . . » 40
1057 Sublustris. Esp . . . . .
      Musicalis. Dup . . . . .
1058 Pulla. W. V. . . . . . .
1059 Petrorhiza. Bork. . . . . » 75
1060 Polyodon. Lin. . . . . . » 25
1061 Hepatica. Lin. . . . . .
1062 Scolopacina. Esp . . . . » 75
    a. v. Nux. Frey . . . . . .

Dypterygia. Stehp.

1063 Pinastri. Lin. . . . . . . » 50

Xylomyges. Gn.

1064 Conspicillaris. W. V . . » 50
    a. v. Melaleuca. Wiev. . » 75

Aporophyla. Gn.

1065 Australis. Bdv . . . . . . » 75
    a. v. Pascuea. Curt . . . .
1066 Scriptura. Frey. . . . .
1067 Orientalis. H. S. . . .

Laphygma. Gn.

1068 Exigua. Hb. . . . . » 75
    a. v. Fulgens. II . . . . .
1069 Pygmæa. Ramb . . . . .

Prodenia. Gn.

1070 Retina. H. S . . . . . .

Neuria. Gn.

1071 Saponariæ. Esp. . . . . . » 75
1071*bis.* Dentigera. Ev. . . .

Heliophobus. Bd.

1072 Popularis. Fab. . . . . . » 75
1073 Vittalba. Frey. . . . . .
1074 Hirta. Hb. . . . .
1075 Optabilis. Bdv. . . . . .
1076 Bætica. Bdv. . . . . . .
1077 Odites. Hb. . . . .
1078 Hispida. Hb. . . . . . .

Episema. Och.

1079 Hispana. Ramb. . . . . .
1080 Trimacula. W. V. . . . 1 »
    a. v. Hispana Bdv. . . . .
    b. v. Tersa. W. V. 1 50
    c. v. Unicolor. Dup. . . 1 50

Charæas. Steph.

1081 Graminis. Lin. . . . » 60
    a. v. Tricuspis. Esp. . . .
    b. v. Albineura. Bd. . . .

Pachetra. Gn.

1082 Leucophæa. W. V. . . . . » 50
    a. v. Ravida. Esp. . . . .

Cerigo. Steph.

1083 Cytherea. Fab. . . . . . . 1 »

Luperina. Bdv.

1084 Luteago. W. V. . . . . .
1085 Ferrago. Ev. . . . . . .

1086 CALTHEAGO. Bdv. . . . . .
1087 RUBELLA. Dup. . . . . .
1088 TESTACEA. W. V. . . . . .
    a.v. A. . . . .
1089 DUMERILII. Dup. . . . . .
1090 DESYLLESI. Bdv. . . . . . .
1091 CESPITIS. W. V. . . . . . 1 »
1092 VIRENS. Lin. 1 25

Crymodes. GN.

1093 GROENLANDICA. Somm. . . .
1094 EXULIS. Lef. . . . .
1095 GELIDA. Gn. . . . . . .
1096 GELATA. Lef. . . . . . .
1097 BOREA. Bdv. . . . . . .
1098 POLI. Gn. . . . .
1099 SOMMERI. Lef. . . . . .

Mamestra. Och.

1100 CHENOPODIPHAGA. Ramb. . 1 50
1101 IMMUNDA. Ev. . . . . .
1102 SERRATILINEA. Och. .
1103 ZETA. Tr. . . . .
1104 BISCHOFFII. H. S. . . . .
1105 PERNIX. Gey. . . . . . .
    a. v. RIVALIS. Friw. . . .
1106 BUGNIONI ? Bdv. . . . . .
1107 MAILLARDI. Gey. .
1108 ARCTICA. Bdv. . . . . .
1109 RUBRIRENA. Tr . . . . .
1110 ABJECTA. Hb. . . . . . .
    a. v. FRIBOLUS. Bdv . . .
1111 ANCEPS. Hb. . . . . . . » 30
    Infesta. Bdv. . . . . .
    a. v. RENARDII. Bdv. . . . .
1112 ALBICOLON. Sepp. . . . » 75
1113 LEINERI. Frey. . . . . .
1114 CERVINA. Ev. . . . . . .
1115 FURVA. W. V. . . . . . .
    a. v. INFERNALIS. Ev . . .
    b. v. SILVICOLA. Ev. . . . .
1116 BRASSICÆ. Lin. . . . . . » 25
1117 SERPENTINA. Tr. . . . . .
1118 PERSICARIÆ. Lin. . . . . » 40
    a. v. ACCIPITRINA. Esp . »

Apamea. OCH.

1119 BASILINEA. W. V. . . . . » 40
1120 CONNEXA. Bork. . . . . .
1121 GEMINA. Hb. . . . . . . » 50
    a. v. REMISSA. Frey. . .
1122 UNANIMIS. Hb. . . . . . . 1 »
1123 OPHIOGRAMMA. Esp. . . . 1 »
1124 FIBROSA. Hb. 1 50
    a. v. LEUCOSTIGMA. IIb. . . 1 50
1125 OCULEA. Lin. . . . . . . » 25
    Didyma. Bdv . . . . . .
    a. v. NICTITANS. Esp. . . .
    b. v. SECALINA. Hb. . . .

Miana. STEPH.

1126 STRIGILIS. Lin. . . . . . » 25
    a. v. LATRUNCULA. W. V. . » 40
    b. v. ÆTHIOPS. HAW. . . .
1127 FASCIUNCULA. Haw. . . . .
    Rubeuncula. Donz . . . .
1128 ERRATRICULA. Hb . . . .
1129 FURUNCULA. W. V. . . . » 50
    a. v. TERMINALIS. Haw. . .
    b. v. RUFUNCULA. Hb. . .
    c. v. VINCTUNCULA. H. . . .
    d. v. PULMONARIÆ. Dup. .
1130 BIPARTITA. H. S. . . . . .
1131 CAPTIUNCULA. Tr. . . . . .
1132 SIGNALIS. Tr. . . . .
1133 ARCUOSA. Haw. . . . . . .
    Duponchelii. Bdv . . . .
1134 EXPOLITA. Doub. . . . . .

Celæna. STEPH.

1135 HAWORTHII. Curt . . . . .
    a. v. HIBERNICA. Steph. . .
    b. v. MORIO. E. . . . . . .

Perigea. GN.

1136 IMPLEXA. Bb. . . . . . .
1137 SAREPTÆ. Bdv . . . . . .

CARADRINIDÆ. BDV.

Grammesia. STEPH.

1138 TRILINEA. W. V. . . . . .
    a. v. BILINEA. Hb. . . . . .

Hydrilla. BDV.

1139 PALUSTRIS. Hb. . . . . . .

1140 ABOLETA. Gn . . . . . .
1141 OBLITERATA. Dalm . . . .
1142 DISTRACTA. Ev. . . . . .

Acosmetia. STEPH.

1143 CALIGINOSA. Hb . . . . . 1 »
1144 AQUATILIS. Bdv . . . . .

Caradrina. OCH.

1145 ULIGINOSA. Bdv. . . . .
1146 LENTA. Tr. . . . . , , ,
1147 MORPHEUS. Naturf . . . . » 50
1148 ALSINES. Bork . . . . . . » 30
1149 BLANDA. W. V . . . . . » 40
    a. v. TARAXACI. Hb,, . . .
    b. v. SUPERSTES. Tr. , , .
1150 AMBIGUA. W. V. . . . . » 50
    Plantaginis. Bdv . . .
1151 COHÆSA. H. S. . . . . .
1152 RESPERSA. W. V. , . , . 1 »
1153 GERMAINII. Dup . . . . .
    a. v. ANCEPS. H. . . . . .
1154 TERREA. Frey . . . . , . .
    a. v. USTIRENA. Bdv. . . .
1155 ASPERSA. Ramb . . . . . .
1156 FUSCICORNIS. Ramb. . . .
1157 ALBINA. Ev . . . .
1158 KADENII. Frey . . . . . .
    a. v. FLAVIRENA. Bdv. . . .
1159 SELINI. Bdv. . . . .
1160 CUBICULARIS. W. V. . . » 25

NOCTUIDÆ. BDV.

Rusina. STEPH.

1161 TENEBROSA. Hb. . . . . . » 50
1162 QUADRANGULA Ev. . . . .
    Unimacula. Bdv. . . . . .

Agrotis. OCH.

1163 OBESA. Bdv . . . .
1164 LATA ? Tr. . . . .
1165 CRASSA. Hb . . . . . . » 75
    a. v. TRITICI. Hb. . . . . . 1 »
1166 FATIDICA. Hb . . . . . .
1167 VALLIGERA. W. V. . . . . » 50
    a. v. TRIGONALIS. Esp. . .
    b. v. SIGNATA. Bdv. . . . .

1168 ENDOGÆA. Bdv. . . . . .
1169 GRASLINII. Ramb. . . .
1170 SAGITTA. Hb. . . . .
1171 TRIFURCA. Ev. . . . .
1172 SPINIFERA. Hb. . . . . . .
1173 PUTA. Hb. . . . . » 75
    a. v. RENITENS. Hb. . . . .
1174 ERYTHROXYLÆA. Tr. . . . .
1175 SUFFUSA. W. V. . . . » 50
1176 FENNICA. Ev. . . . .
1177 SAUCIA. Hb . . . . » 60
    a. v. ÆQUA. Hb. . . . . . » 50
1178 AGRICOLA. Bdv. . . . . . .
1179 SEGETUM. W. V. . . . » 25
1180 SICANIA. Bdv. . . . . .
1181 COS. Hb. . . . .
    a. v. TEPHRA. Bdv. . . . .
1182 TRUX. Hb. . . . . » 60
    a. v. TERRANEA. Frey. . . .
1183 LUNIGERA. Steph . . . . .
1184 EXCLAMATIONIS. Lin. . . . » 25
1185 CORTICEA. W. V. . . . . » 60
1186 CINEREA. W. V. . . . .
1187 INCURVA. H. S. . . . . .
1188 SIMPLONIA. Hb. . . . . . .
1189 SABULETORUM. Bbv . . . .
1190 DESERTORUM. Bdv. . . .
1191 RIPÆ. Hb. . . . .
    a. v. DESILLII. Pierret. . .
1192 CURSORIA. Naturf. . . . . » 75
1193 DESERTICOLA. Ev. . . . . .
1194 HILARIS. Frey . . . . . .
1195 NIGRICANS. Lin. . . . . . . » 60
    Fumosa. Tr. V . . . . .
    a. v. FUMOSA. W. V. . . .
    b. v. RUBRICANS. Esp. . . .
    c. v. VILIS. Hb. . . . . . .
1196 ADUMBRATA. Ev. . . . . . .
1197 SILIGINIS. Friw. . . . . . .
1198 TRITICI. Lin. . . . . » 30
1199 AQUILINA. W. V. . . . . . » 50
    a. v. FICTILIS. Hb. . . . . .
    b. v. UNICOLOR. Hb. . . . .
    c. v. VITTA. Esp. . . . . . .
1200 ISLANDICA Staud . . . . . .

1201 RECUSSA. Hb. . . . .
1202 OBELISCA. W. V. . . . . » 60
   a. v. HASTIFERA. Donz, . .
   b. v. RURIS. Hb. . . . . . .
   c. v. VILLIERSII. Gn. . . . .
   d. v. PLECTOIDES. Gn. . . . .
1203 LIDIA. Cram. . . . .
1204 AGATHINA. Dup. . . . . .
1205 MOLOTHINA. Eng. . . . . .
   Ericæ. Bdv. . . . .
1206 PORPHYREA. W. V. . . » 75
1207 ERYTHRINA. Ramb. . . .
1208 PRÆCOX. Lin. . . . . . . › 75
1209 RENIGERA. Hb. . . . .
1210 SIGNIFERA. W. V. . . . . » 75
1211 FORCIPULA. W. V. . . » 75
1212 CELSICOLA. Bellier . . . . .
1213 SAGITTIFERA. Hb. . . . . 2 »
1214 FUGAX. Tr. 1 25
1215 SENNA. Hb. . . . .
1216 RAVIDA. W. V. . . . . . . » 75
1217 SQUALIDA. Bdv . . . . . .
1218 SIBIRICA. Bdv. . . . . . .
1219 PYROPHILA. W. V. . . . . » 75
1220 LUCIPETA. W. V. . . . .
1221 HELVETINA. Bdv. . . . . .
1222 BIRIVIA. W. V. . . . . . .
   a. v. HONNORATINA. Donz. .
1223 DUMETORUM. Gey. . . . . .
1224 GRISESCENS. Fab. . . .
1225 GILVA. Donz. . . . . . .
1226 DECORA. W. V. 1 50
1227 LUCERNEA. Lin. . . .
   Cataleuca. Bdv. . . . . .
   a. v. LATENS. Steph . . . .
1228 NYCTIMERA. Bdv. . . . .
1229 VALESIACA. Bdv . . . . . .
1230 CONFUSA. Frey. . . . . . .
1231 LATENS. Hb. 1 50
   a. v. CANDELISEQUA. Hb. .
   b. v. IGNICOLA. Hb. . . . .
1232 LATITANS. Gn. . . . .
1233 FIMBRIOLA. Hb . . . . . . 1 »
1234 ALPESTRIS. Bdv 1 25
1235 OCELLINA. W. V. . . . . » 75
1236 GRAMMIPTERA. Dup . . . . .

1237 LARIXIA. Gn . . . .
1238 MULTANGULA. Hb. . . . . . 1 »
   a. v. RECTANGULA. Bdv. . .
1239 RECTANGULA. W. V. . . .
1240 ANDERREGGII. Bdv . . . .
1241 DEPLANA. H. S . . . . .
1242 POLYGONA. W. V . . . . » 75
1243 RAVA. H. S . . . . . . ,

Hiria. DUP

1244 LINOGRISEA. W. V . . . . . » 75

Triphæna. OCH.

1245 CHARDINYI. Bdv . . . . . .
1246 JANTHINA. W. V. . . . . » 50
1247 FIMBRIA. Lin. . . . . » 50
   a. v. SOLANI. Fab. . . . . » 75
1248 INTERJECTA. Hb. . . . . . » 75
1249 SUBSEQUA. W. V. . . . . . » 75
   a. v. CONSEQUA. Hb. . . . . 1 »
1250 ORBONA. Fab . . . . » 25
   Comes. H. . . . .
   a. v. CONNUBA. H. . . . . . .
   b. v. PROSEQUA. Och. . . . » 50
   c. v. SUBSEQUA. Curt. . . . » 50
1251 PRONUBA. Lin. . . . . . . » 25
   a. v. INNUBA. Tr. . . . . . » 50

Noctua. LIN.

1252 MARGARITACEA. Bork. . . . 1 50
   Glareosa. Tr. Bdv . . . . .
1253 CANDELISEQUA. W. V. . . . 1 50
1254 CHALDAICA. Kind . . . . .
1255 GLAREOSA. Esp 1 50
   Hebraica. Bdv . . . . . .
1256 DEPUNCTA. Lin 1 25
1257 AUGUR. Fab. . . . . » 60
1258 SIGMA. W. V. . . . . . . 1 »
1259 PLECTA. Lin. . . . . . . » 30
1260 LEUCOGASTER. Frey. . .
1261 MUSIVA. Hb. . . . . . .
1262 FLAMMATRA. W. V. . . . 1 »
1263 C. NIGRUM. Lin. . . . . » 40
   a. v. NUN-ATRUM. Esp. . . .
1264 DITRAPEZIUM. Hb. . . » 75
   Tristigma. Och. Bdv . . .
1265 TRIANGULUM. . . . . . . » 30
1266 RHOMBOIDEA Tr. . . . . » 50

1267 Brunnea. W. V. . . . . . » 40
1268 Festiva. W. V. . . . . . » 50
   a. v. Subrufa. Haw. . . ,
   b. v. Congener. Hb. . . .
1269 Collina. Bdv. . . . . . .
1270 Conflua. Tr. . . . .
1271 Dahlii. Hb. . . . . . .
1272 Subrosea. Steph. . . . . .
1273 Punicea. Hb. . . . . . :
1274 Bella. Bork. . . . . . . n 60
1275 Umbrosa. Hb. . . . . . . 1 »
1276 Baja. W. V. . . . . . » 60
1277 Sobrina Bdv. . . . . . .
   a. v. Gruneri. Pierret. . .
1278 Neglecta. Hb. . . . . . .
1279 Cerasina. Frey. . . . . .
1280 Xanthographa. W. V. . . . » 50
1281 Crasis. H. S. . . . . . .

ORTHOSIDÆ. Gn

Trachea. Och.

1282 Piniperda. Natuf. . . . » 50

Eogena. Led.

1283 Contaminei. Kind. . . . . .

Pachnobia. Gn.

1284 Carnea. Thumb. . . . . .
1285 Hyperborea. Dalm. . . . .
1286 Carnica. Heer. . . . . . .
1287 Glacialis. H. S. . . . . .

Hyssia. Gn.

1288 Cavernosa. Ev. . . . . . .

Tæniocampa. Gn.

1289 Gothica. Lin. . . . . » 50
1290 Gothicina. H. S. . .
1291 I. Cinctum. W. V. .
1292 Leucographa. W. V ; . .
1293 Faceta. Tr. . . . .
1294 Amicta. Donz. . . . . .
1295 Rubricosa. Rœs. . . . . .
   a. v. Mista. Hb. . . . . . 1 »
   b. v. Rufa. Haw. . . . .
1296 Instabilis. Rœs. . . . . > 25
   a. v. Contacta. Esp. . . . .

   b. v. Fuscatus. Haw. . . . .
   c. v. Collinita. Esp. . . .
   d. v. Nebulosus. Haw. . . .
1297 Opima. H. . . . . 1 »
1298 Populeti. Fab. 1 25
1299 Stabilis. Albin. . . . . . » 25
   a. v. Junctus. . . . .
1300 Rorida. H. S. . . . . . .
1301 Gracilis. W. V. . . . . . » 60
   a. v. Pallida. Step. . . .
1302 Miniosa. W. V. . . . . » 50
1303 Munda. W. V. . . . . » 50
1304 Cruda. W. V. . . . . » 25
   Ambigua. Hb. Bdv. . . .

Orthosia. Och.

1305 Ruticilla. Esp. . . . . . .
1306 Lævis. Hb. . . . .
1307 Suspecta. Hb. . . . . . .
   a. v. Congener. Gey. . . , .
1308 Kindermannii. Fisch. . .
1309 Ypsilon. W. V. . . . . . » 30
1310 Lota. Lin. . . . . » 40
1311 Macilenta. Hb. . . . . . . » 75

Anchocelis. Gn.

1312 Hæmatidea. Dup. . . . . .
1313 Rufina. Lin. . . . . . . » 50
1313bis. Pistacina. W. V. . . . » 40
   a. v. Lycnidis. W. V. . . .
   b. v. Pistacina. Hb. . . . .
   c. v. Canaria. Esp. . . . .
   d. v. Rubetra. Esp. . . . .
   e. v. Pistacina. Haw. . . .
   f. v. Serina. Esp. . . . . .
1314 Nitida. W. V. . . . . » 75
1315 Humilis. W. V. . . . ,
1316 Lunosa. Haw. . . . . .
   Subjecta. Dup. . . . . .
   a. v. Neurodes. H. S. . . .
1317 Neurodes. Hb. . . . . .
1318 Litura. Lin. . . . . . . » 75
   a. v. Polluta. Esp. . . .

Cerastis. Och.

1319 Buxi. Bdv. . . . .
1320 Mansueta. H. S. . . . . .

1321 Intricata. Bdv. . . . . . .
1322 Vaccinii. Lin. . . . . » 30
   a. v. Polita. W. V . . . . .
   b. v. Vaccinii. Hb . . . .
1323 Spadicea. W. V. . . . . . » 40
   a. v. Ligula. Esp. . . . . .
   b. v. Subnigra. Curt. . . .
   c. v. Brigensis. Bdv. . . .
1324 Veronicæ. Hb. . . . . . . ⌐ 75
   Dolosa. Hb. . . . .
1325 Erythrocephala. W. V . » 50
   a. v. Glabra. W. V. . . . » 60
1326 Silene. W. V. . . . . . . » 75
1327 Serotina. Tr. . . . . . .

Scopelosoma. Curt.

1328 Satellitia. Lin. . . . . . . » 50

Dasycampa. Gn.

1329 Rubiginea. W. V. . . . . » 75

Hoporina. Bdv.

1330 Croceago. Albin. . . . . » 50

Xanthia. Och.

1331 Citrago. Lin. . . . . » 40
1332 Sulphurago. W. V. . . . 1 »
1333 Cerago. W. V. . . . . . » 40
   a. v. Flavescens. Esp. . . . 1 50
1334 Silago. Hb. . . . . » 50
1335 Aurago. W. V. . . . . . 1 »
   Rutilago. Hb. . . . . . .
   a. v. Fucata. Esp. . . . . .
1336 Gilvago. Esp. . . . . . . » 25
   a. v. Palleago. Hb . . . . » 50
1337 Ocellaris. Bork. . . . . . » 75
   Russago. Bdv. . . . . . .
   a. v. Lineago. Gn. . . .
   b. v. Palleago. Hb. . .
1338 Ferruginea. W. V. . . . » 25
1339 Pulmonaris. Esp. . . . . 1 »
1340 Evidens. Hb. . . . .

Hiptelia. Gn.

1341 Ochreago. Hb. . . . . . .
   Rubecula. Bdv. . . . . . .
1342 Miniago. Frey. . . . .

Cirrœdia. Gn.

1343 Xerampelina. Hb . . . . . 1 »
1344 Ambusta. W. V. . . . . . 1 »

Mesogona. Bdv.

1345 Acetosellæ. W. V. . . . . 1 »
1346 Oxalina. Hb. . . . .

COSMIDÆ. Gn.

Tethea. Och.

1347 Subtusa. W. V. . . . . . . » 60
1348 Retusa. Lin . . . . » 40

Euperia. Gn.

1349 Contusa. H. S. . . . . . .
1350 Abluta. Hb 1 50
   a. v. Glaucula. Bdv. . . .
1351 Imbuta. Bdv . . . .
1352 Fulvago. W. V. . . . . . 1 »

Dicycla. Gn.

1353 Oo. Lin . . . . » 75
1354 Subflava. Ev. . . . .

Cosmia. Och.

1355 Trapezina. Lin . . . . . . » 25
1356 Pyralina. W. V. . . . . . » 60
1357 Diffinis. Lin. . . . . . . » 30
1358 Confinis. H. S. . . . . . .
1359 Affinis. Lin . . . . » 40

HADENIDÆ. Gn.

Ilarus. Bdv.

1360 Ochroleuca. W. V. . . . 1 25

Dianthœcia.

1361 Echii. Bork. . . . . 1 »
1362 Carpophaga. Bork. . . . . » 50
   a. v. Ochracea. Haw. . . .
   b. v. Nisus. Germ. . . . .
1363 Capsophila. Bdv. . . . .
1364 Capsincola. W. V. . . . . » 25
1365 Cucubali. W. V. . . . . . » 30
1366 Silenes. Hb. . . . .
1367 Sejuncta. H. S. . . . . . .
1368 Cæsia. W. V. . . . . . . 1 »
1369 Filigramma. Esp. 1 50

1370 Xanthocyanea. Hb.. . . . .
    a. v. Conspurcata. H. S. . .
1371 Tephroleuca. Bdv.. . . . .
1372 Magnolii. Bd. . . . . . .
1373 Albimacula. Bork.. . . .   » 75
1374 Conspersa. W. V.. . . . .   » 50
1375 Compta. W. V. . . . . . .   » 40
    a. v. Viscariæ Gn. . . .   ·
1376 Caryophilli. Bdv. . . . .
1377 Armeriæ. Bdv. . . . . .

Hecatera. Gn.

1378 Corsica. Ramb. . . . . . .
1379 Luteocincta. Ramb. . .   .
1380 Dysodea. W. V. . . . .   25 »
1381 Caduca. H. S. . . . .   .
1382 Serena. W. V. . . . . . .   » 40
    a. v. Leuconota. Ev. . . .
1383 Monticola. Dup.. . . . . .
1384 Cappa. Hb.. . . . . . .   1 »

Phorocera. Gn.

1385 Canteneri. Dup.. . . . . .
1386 Felicina. Donz.. . . . . .

Polia. Och.

1387 Chi. Lin.. . . . .   » 50
1388 Suda. Hb. . . . .
1389 Canescens. Bdv.. . . . . .
    a. v. Pumicosa. Hb.. . . . .
    b. v. Asphodeli. Ramb . .
1390 Platinea. Tr.. . . . . . .
1391 Nigrocincta. Och.. . . .   » 75
    a. v. Xanthomista. Hb. . .   1 50
1392 Argillaceago. Hb . . . .
    Venusta. Bdv. . . . . . .
1393 Polymita. Lin . . . .
1394 Flavocincta. Rœs. . . . .   » 50
    a. v. Meridionalis. Bdv.. .   » 75
    b. v. Calvescens. Bdv. . . .
1395 Cœrulescens. Bdv.. . . . .
1396 Rufocincta. Hb.. . . . .
    . v. Mucida. Bd. . . . . .
1397 Anilis. Donz. . . . .
1398 Vetula. Bdv.. . . . . . .
1399 Cæcimacula. W. V. . . .   » 75

Dasypolia. Gn.

1400 Templi. Thunb. . . . . . .

Epunda. Dup.

1401 Luneburgensis. H. S . . .
1402 Lutulenta. W. V. . . . .   1 »
    a. v. Consimilis. Steph. . .
    b. v. Lutulenta. Hb. . . .
    c. v. Sedi. Bdv.. . . . . .   1 »
1403 Nigra. Haw.. . . . . . .   1 »
    Æthiops. Och. . . . . . .
1404 Chioleuca. H. S. . . . .
1405 Scoriacea. Rœs.. . . .   1 »
1406 Viminalis. Rœs . . . . .   » 60
1407 Tephra. Hb.. . . . . . .
1408 Lichenea. Hb..   1
    a. v. Viridicincta. Tr . . .

Valeria. Germ.

1409 Oleagina. W. V. 1 50
1410 Jaspidea. Vill.. . . . . . .
1411 Orbiculosa. Esp. . . . . . .

Miselia. Och.

1412 Oxyacanthæ. Albin. . . .   » 50
1413 Bimaculosa. Lin. . . . . .   1 »

Chariptera. Gn.

1414 Culta. W. V. 1 50
1415 Gemmea. Tr.. . . . . . .

Agriopis. Bdv.

1416 Aprilina. Lin . . . .   » 40

Jaspidia. Bdv.

1417 Celsia. Lin.. . . . . . .

Phlogophora. Och.

1418 Scita. Hb. . . . .
1419 Meticulosa. Lin. . . . . .   » 25
1420 Empyrea. Hb. . . .   1 50   2 »
1421 Iodea. Gn . . . .

Euplexia. Steph.

1422 Lucipara. Lin. . . . . . .   » 50

Polyphænis. Bdv.

1423 Sericina. Lang. 1 50
    Prospicua. Tr . . . . . .
    a. v. Prospicua. Borck. . .   2 »

1424 ALLIACEA. Germ. . . . . . .
    Xanthochloris. Bdv . . . .

Aplecta. GN.

1425 HERBIDA. W. V. . . . . . . » 40
    a.v. JASPIDEA. Bork. . . . . » 50
1426 OCCULTA. Lin. . . . . 1 »
1427 IMPLICATA. Lef. . . . .
1428 NEBULOSA. Hufn. . . . . . . » 40
1429 SCHOENNHERRI. Bdv . . . . .
1430 SPECIOSA. Hb. . . . .
    a.v. SPECIOSA. Dup . . . .
1431 TINCTA. Brahm. . . . . . . 1 »
1432 ADVENA. W. V. . . . . . . » 75

Hadena. OCH.

1433 AMICA. Tr. . . . .
1434 STIGMATICA. Friw. . . . . .
1435 SATURA. W. V. . . . . . . 1 »
1436 ASSIMILIS. Dbday . . . . .
1437 ADUSTA. Esp. . . . . » 75
    a.v. SATURA. Steph. . . . . .
    b.v. VULTURINA. Frey. . . . .
1438 BALTICA. Herg . . . . . .
1439 SOLIERI. Bdv. 1 50
1440 FOVEA. Tr. . . . .
1441 OCCLUSA. Esp. . . . . . . 1 »
1442 ROBORIS. Hb. . . . . 1 »
    a.v. CERRIS. Bdv. . . . . . . 1 »
1443 MONOCHROMA. Esp. . . . . » 75
    Distans. Hb. . . . . . .
    Suberis. Bdv. . . . . . .
1444 SAPORTÆ. Esp. . . . .
1445 PROTEA. W. V. . . . . . . » 40
1446 ÆRUGINEA. Hb. 1 50
    a.v. MIOLEUCA. Hb. . . . . . .
1447 MIOLEUCA. Tr. . . . .
1448 CONVERGENS. W. V. . . . . » 75
1449 PROXIMA. Hb. . . . .
1450 CANA. Ev. . . . .
    a.v. OCHROSTIGMA Ev. . . . .
1451 MEISSONIERI. Gn . . . . .
1452 ALPIGENA. Bdv. . . . . .
1453 GLAUCA. Kléem . . . . .
    a.v. LAPPO. Dup. . . . .
1454 DENTINA. W. V. . . . . . . » 40

    a.v. LATENAI. Pierret. . . . . .
1455 NANA Esp. . . . .
    Marmorosa. Bork. . . . . .
    a.v. MICRODON. Bdv. . . . . .
1456 LEUCODON. Ev. . . . .
1457 PEREGRINA. Tr. . . . . . . » 75
1458 CHENOPODII. Albin. . . . . » 25
1459 FARKASII. Tr. . . . . . .
1460 TREITSCHKII. Bdv. . . . . .
1461 SODÆ. Ramb. . . . . 1 »
1462 SOCIABILIS. Graslin. . . . . .
1463 ATRIPLICIS. Lin. . . . . . . » 40
1464 SUASA. W. V. . . . . » 50
    a.v. ALIENA. Dup. . . . . . .
    b.v. W. LATINUM. Esp. . . .
1465 ALIENA. Hb. . . . .
    a.v. PAVIDA. Bdv. . . . . . .
1466 OLERACEA. Lin. . . . . . . » 25
1467 PISI. Lin. . . . . » 50
    a.v SPLENDENS. Steph. . . .
1468 SPLENDENS. Hb. . . . . . .
1469 THALASSINA. Naturf. . . . » 50
1470 CONTIGUA. W. V. . . . . . » 50
1471 W. LANINUM. Hufn. . . . .
    Genistæ. Bdv. . . . . » 25
1472 GRANDIS. Bdv. . . . .
1473 RECTILINEA. Esp. . . . . . .
1474 ORFA. Staund. . . . . . .

XYLINIDÆ GN.

Lithocampa GN.

1475 RAMOSA. Esp 1 50

Xylocampa GN.

1476 LITHORHIZA. Bork. . . . . . » 50

Cloantha. BDV.

1477 RADIOSA. Esp. 1 50
1478 HYPERICI W. V. . . . . . . 1 »
1479 PERSPICILLARIS. Lin. . . . . 1 »
1480 SOLIDAGINIS. Hb. 1 25

Calocampa. STEPH.

1481 VETUSTA. Hb. . . . . 1 »
1482 EXOLETA. Lin . . . . » 75

Xylina. Och.

1483 Merckii. Ramb. . . . . .
1484 Conformis. W. V . . . . . » 60
1485 Cinerosa. Gn. . . . . . .
1486 Ingrica. H. S . . . .
1487 Zinckenii. Tr. . . . . . .
    a.v. Somniculosa. . . . . .
1488 Rhizolitha. W. V . . . . » 30
1489 Lapidea. Hb. . . . . . .
    a.v. Leautieri. Bdv . . . . 1 »
    b.v. Sabinæ. Hb. Gey . . . .
1490 Semibrunnea. Haw . . . . » 75
    Oculata. Bdv. . . . . . .
1491 Petrificata. W. V . . . . » 50

Cucullia. Och.

1492 Verbasci. Lin . . . . . . » 25
1493 Scrophulariæ. W. V . . . » 50
1494 Lychnitis. Ramb. . . . . . » 75
    a.v. Rivulorum. Gn. . . . .
1495 Blattariæ. Esp. 1 50
1496 Thapsiphaga Tr . . . . . » 75
1497 Scrophularivora. Ramb. .
1498 Scrophulariphaga Ramb. .
1499 Prenanthis. Bdv. . . . . .
1500 Celsiæ. H. S. . . . . . .
1501 Asteris. W. V . . . . . » 50
1502 Gnaphalii. Hb. . . . . . .
1503 Xeranthemi. Bdv. . . . . .
1504 Abrotani. Rœs. . . . . . . » 40
1505 Absynthii. Lin . . . . . . » 50
1506 Propinqua. Ev . . . . . .
1507 Spectabilis. Hb . . . . . .
1508 Fuchsiana. Ev. . . . . . .
1509 Fraudatrix. Ev. . . . . . .
    Pontica Bdv. . . . .
1510 Cineracea. Frey. . . . . .
1511 Pyrethri. Bdv. . . . . . .
1512 Santonici. Hb. . . . . . .
1513 Odorata. Gn. . . . .
1514 Achilleæ. Bdv. . . . . . .
1515 Anthemidis. Bdv. . . . . .
1516 Boryphora. Fisch. . . . . .
    Lignata. Kind. . . . . . .
1517 Tanaceti. W. V . . . . . » 60

1518 Chamomillæ. W. V . . . 1 »
    a v. Chrysanthemi. Hb . . . 1 25
1519 Calendulæ. Dahl. . . . . .
1520 Wredowii ? Costa. . . . .
1521 Santolinæ. Ramb . . . . .
1522 Lucifuga. Rœs. . . . . . .
1523 Lactucæ. Rœs. . . . . . . 1 »
1524 Pustulata. Ev. . . . . . .
1525 Campanulæ. Frey. . . . .
1526 Præcana. Ev. . . . .
1527 Sonchii. Bdv. . . . .
1528 Umbratica. Lin . . . . . » 40
1529 Biornata. Frey. . . . . .
1530 Balsamitæ. Frey. . . . .
1531 Virgaureæ. Bdv. . . . . .
1532 Dracunculi. Hb. . . . . . —
    Incana. Ev. . . . .
1533 Lactea. Fab. . . . .
1534 Splendida. Cr . . . . . .
1535 Argentina. Fab. . . . . . .
1536 Magnifica. Frey. . . . . .
1537 Artemisiæ. W. V . . . . . » 50

Epimecia. Gn.

1538 Ustulata. Bdv. . . . . . .

Omia. Hb.

1539 Rupicola. W. V . . . . .
1540 Cymbalariæ. Hb. . . . . .
1541 Cyclopæa. Grasl. . . . . .

Cleophana. Bdv.

1542 Yvanii. Dup. . . . . .
1543 Anarrhini. Bdv. . . . .
1544 Dejeanii. Dup. . . . . . .
1545 Penicillata. Bdv. . . . .
1546 Serrata. Tr. . . . .
1547 Arctata. Gn. . . . .
    Serrata. Hb. Bdv. . . . . .
1548 Antirrhini. Hb. . . . . . » 75
1549 Ferrieri. Bellier. . . . . .

Calophasia. Steph.

1550 Linariæ. Fab. . . . . . . » 30
1551 Orontii. H. S. . . . . . .
1552 Platyptera. Esp. 1 25
1553 Olbiena. Dup. . . . . . .
1554 Opalina. Esp. . . . . . . 1 »

HELIOTHIDÆ. Bdv.

Chariclea. Steph,

1555 Delphinii. Rœs. . . . . . . » 50
1556 Prazanoffzkyi. Kind . . .
1557 Taurica. H. S. . . . . . .

Euterpia. Gn.

1558 Laudeti. Bdv. . . . .

Stephania. Gn.

1559 Puniceago. Bdv. . . . . . .

Heliothis. Och.

1560 Purpurites. Hb. . . . . . . 1 »
1561 Marginata. Kléem. . . . . » 50
1562 Incarnata. Frey. . . . . .
   a.v. Boisduvalii. Dup. . . .
1563 Peltigera. W. V. . . . . » 75
1564 Armigera. Hb. . . . . . . » 75
1565 Dipsacea. Lin. . . . . . » 60
1566 Maritima. Graslin. . . . .
1567 Ononidis. W. V. . . . .
1568 Scutosa. W. V. . . . . . . » 75

Anthœcia. Bdv.

1569 Cora. Ev. . . . .
1570 Pulchra. Ev. . . . . . .
1571 Dos. Frey. . . . .
1572 Cognata. Hb. . . . . . . 1 »
1573 Cardui. Esp. . . . . . . » 75

Janthinea. Gn.

1574 Friwaldjzkyi. Dup. . . . . .

Anarta. Och.

1575 Melanopa. Beck. 1 50
1576 Vidua. Hb. . . . . 2 »
1577 Funebris. Hb. . . . . . .
   Nigrita. Anderr. . . .
1578 Funesta. . . . .
1579 Amissa. Lef. . . . . . .
1580 Algida. Lef. . . . . . .
1581 Quieta. Hb. . . . .
1582 Bohemanni. Staud. . . .
1583 Melaleuca. Beck. . .
1584 Zittersdtetii. Staud.
1585 Cordigera. Seb 1 50

1586 Myrtilli. Rœs. . . . . . . » 30
1587 Violacea. H. S. . . . . . .

Cyrebia. Gn.

1588 Luperinoides. Gn. . . . . .
1589 Anachoreta. H. S. . . .

Heliodes. Gn.

1590 Arbuti. Fab . . . . » 30
   Heliaca. H. . . . .
1591 Jocosa. H. S. . . . . . .

HÆMEROSIDÆ. Gn.

Hæmerosia. Bdv.

1592 Renalis. Hb. . . . . 1 »
   Renifera. Bdv. . . . . .
   Renigera. Dup. . . . . .

ACONTIDÆ. Bdv.

Agrophila. Bdv.

1593 Sulphurea. Hb . . . . . . » 25
   Sulphuralis. Lin. . . . .

Metoponia. Dup.

1594 Flavida. W. . V. . . . . .
1595 Vespertina. Hb. . . . . .
   Matutinalis. Ramb. . . .

Xanthodes. Gn.

1596 Malvæ. Esp. . . . . . .
1597 Grællsii. Feisth. . . . . .

Acontia. Och.

1598 Aprica. H. . . . .
1599 Viridisquama. Gn. . . . .
1600 Albicollis. Fab. . . . . . » 60
   Heliosis. Bdv. . . . . . .
   a v. Insolatrix. H. . . . .
1601 Solaris. W. V. . . . . . » 30
1602 Caffraria. Cr. . . . . . .
   Caloris. Hb. . . . .
1603 Titania. Esp. . . . . . .
1604 Urania. H. S. . . . . . .
1605 Luctuosa. W. V. . . . . » 25

ERASTRIDÆ. Gn.

Erastria. Och.

1606 Venustula. Hb. . . . . . .
1607 Scitula. Ramb. . . . .
1608 Atratula. W. V. . . . . » 50
1609 Candidula W. V. . . . .
1610 Fuscula. W. V. . . . . . » 30

Bankia. GN.

1611 ARGENTULA. Esp. . . . . . . » 30

ANTHOPHILIDÆ. DUP.

Hydrelia. GN.

1612 NUMERICA.. Bdv.. . . . . .
1613 UNCA. Lin. . . . . » 60

Leptosia. GN.

1614 VELOX. Hb. . . . .
1615 MENDACULALIS. Tr. 1 50
    Dardouini. Bdv.. . . . . .
1616 POLYGRAMMA. Bdv. . . . . .

Micra. GN.

1617 CANDIDANA. Fab. . . . . .
    Minuta. Bdv. . . . .
1618 SKATIOTA? II. S.. . . . . .
1619 ELYCHRYSI. Ramb.. . . . .
1620 VIRIDULA. Gn.. . . . . . .
1621 *WAGNERI. Kind . . . . .
1622 PAULA. Hb.. . . . . » 50
1623 PARVA. Hb.. . . . .
1624 OSTRINA. Hb. . . . .
    *a.*v. ÆSTIVALIS. Ramb.. . .
1625 PURPURINA. W. V.. . . . .

Anthophila. OCH.

1626 PANNONICA. Frey.. . . . . .
    Kindermannii. Bdv. . . . .
1627 *AMASINA. II. S. . . . . .
1628 ROSINA. Hb.. . . . . 1 50
1629 AMŒNA. Hb. . . . . 1 »
1630 GRATA. Bdv. . . . .
1631 ALBICANS. Bdv. . . . . . .
1632 PARALLELA. Ev. . . . . . .
1633 PUSILLA. Ev.. . . . .
    Concinnula. Bdv. . . . . .
1634 PURA. Hb. . . . . 1 »

Phyllophila. GN.

1635 WIMMERII. Tr. . . . .
    *a.*v. OBLITERATA. Ramb . . .

Glaphyra. GN.

1636 GLAREA. Tr. . . . .
1637 CRETULA Frey . . . .
    Glarea. Bdv.. . . . .
    *a.*v. PHLOMIDIS. Bdv . . . . .

Microphysa. BDV.

1638 REGULARIS. Hb. . . . . . .
1639 INAMÆNA. Hb.. . . . . . . 1 »
1640 INGRATA. Bdv. . . . . . .
1641 SUAVA. Hb. 1 50
1642 JUCUNDA. H. . . . . 1 »

Megalodes. GN.

1643 *EXIMIA. Hers. Sch. . . . .

Metoptria. GN.

1644 MONOGRAMMA. Hb. . . . . . » 60

PHALÆNOIDÆ. GN.

Brephos. OCH.

1645 PARTHENIAS. Lin. . . . . . . » 25
1646 NOTHA. Hb.. . . . . » 30
1647 PUELLA. Lang . . . . » 60

ERIOPIDÆ. GN.

Eriopus. OCH.

1648 PTERIDIS. Fab. 1 50
1649 LATREILLII. Dup. 1 25
    Quieta. Tr. . . . .

EURHIPIDÆ. GN.

Eurhipia. BDV.

1650 ADULATRIX. Hb. . . . . . . 1 »
1651 BLANDIATRIX. Bdv. . . . .

PLACODIDÆ. GN.

Placodes. BDV.

1652 AMETHYSTINA. Hb.. . . . 1 50
1653 SPENCEI. Bdv. . . . .

Diastema. GN.

1654 VIRGO. Tr. . . . .

PLUSIDÆ. GN.

Abrostola. OCH

1655 URTICÆ. Hb. . . . . » 25
1656 ASCLEPIADIS. W. V. . . . 1 »
1657 TRIPLASIA. Lin. . . . . . » 25

Plusia.

1658 EUGENIA. Ev . . . .
1659 ILLUSTRIS. Fab . . . . . » 75

1660 URALENSIS. Ev.. . . . . . .
1661 MODESTA. Hb.. . . . . 1 25
1662 CONSONA. Fab. . . . . . 1 »
1663 CONCHA. Fab. 1 25
1664 MONETA. Fab.. . . » 75
1665 DEAURATA. Esp. . . . . .
1666 ÆREA ? Hb.. . . . .
1667 ORICHALCEA. Fab . . . 1 50
1668 ZOZIMI. Hb.. . . . .
1669 CHRYSITIS. Lin. . . . . . » 40
1670 AURIFERA ? Hb. . . . .
1671 BRACTEA. W. V. . . . . .
1672 ÆMULA. W. V. . . . . . .
1673 FESTUCÆ. Lin.. . . . . . . » 50
1674 MYA. Hb.. . . . .
1675 IOTA. Lin. 1 50
   Percontationis. O.. . . . .
   a.v. INSCRIPTA. Esp.. . . . .
   b.v. ANCORA. Frey. . . . .
1676 V. AUREUM. Engram.. . 2 »
   Interrogationis. Esp .
1677 MACROGRAMMA. Ev. . . .
1678 CIRCUMSCRIPTA. TR. . . . .
1679 CHALCITES. Esp. 1 25
   Chalsytis. H. . . . . . .
1680 INTERSCALARIS. Hers. Sch. .
1681 CIRCUMFLEXA. W. V. . . : 1 50
   Gutta. Gn. . . . . . .
1682 GAMMA. Lin. . . . , » 25
1683 NI. Hb. 1 50
1684 ACCENTIFERA. Lef . .
1685 DAUBEI. Bdv. . . . . . .
1686 *GRAPHICA. Kind. . . . .
1687 INTERROGATIONIS. Lin. . 1 25
1688 U. AUREUM. Bdv. . . . . .
1689 AIN. Schr. 1 50
1690 DIVES. H. S . . . .
1691 DIASEMA. Bdv . . . . .
1692 PARILIS. Hb. . . . .
1693 MICROGRAMMA. Hb. . . .
1694 DIVERGENS. Hb. 1 50
1695 DIVERGENS. Fab. . » 75

CALPIDÆ. GN.

Calpe. TR.

1696 THALICTRI. Bork. . . . . . 2 »

GONOPTERIDÆ.

Gonoptera. LAT.

1697 LIBATRIX. Lin. . . . . » 25

AMPHIPYRIDÆ.

Syntomopus. GN.

1698 CINNAMOMEA. Kléem. . . . 1 50

Amphipyra. OCH. -

1699 PYRAMIDEA. Lin. . . . . . . » 50
1700 PERFLUA. Fab . . . .
1701 EFFUSA. Bdv. . . . .
1702 LIVIDA. W. V. . . . .
1703 TETRA. Fab. . . . .
1704 TRAGOPOGONIS. Lin. . . . » 30

Mania. TR.

1705 TYPICA. Lin. . . . . » 50
1706 MAURA. Lin. . . . . 1 »

TOXOCAMPIDÆ.

Exophila. GN.

1707 RECTANGULARIS. H. . . . . .

Spintherops. BDV.

1708 SPECTRUM. Esp. 1 1 50
1709 CATAPHANES. Hb. . . . . .
1710 DILUCIDA. Hb. . . . . . . 1 »

Toxocampa. GN.

1711 CRACCÆ. W. V. . . . . » 75
1712 VICIÆ. Hb. 1 50
1713 PASTINUM. Tr.. . . . . . » 50
1714 LUSORIA. Lin. . . . . 1 »
1715 OROBI. Bdv. . . . .
1716 ASTRAGALI. Bdv. . . . . .
1717 LUDICRA. Hb. 1 50
1718 LIMOSA. Tr.. . . . .

STILBIDÆ.

Stilbia. STEPH.

1719 HYBRIDATA. Hb.. . . . . .
   Stagnicola. Tr. Bdv . . .

HOMOPTERIDÆ. BDV.

Alamis. GN.

1720 ALBIDENS. H. S.. . . . . .

CATEPHIDÆ. Gn.
Catephia.
1721 ALCHYMISTA. Geoff.. . . . 2 »

Anophia. Gn.
1722 LEUCOMELAS. Lin. . . . . 1 » .
1723 RAMBURII. Clerck.. . . . .

BOLINIDÆ. Gn.
Leucanitis.
1724 RADA. Kind. . . . . . .

Bolina. Dup.
1725 CAILINO. Lef. . . . . . .

CATOCALIDÆ.
Catocala. Och.
1726 FRAXINI. Lin. . . . . 1 »
1727 ELOCATA. Esp.. . . . . . » 60
1728 DEDUCTA. Evers.. . . . . .
1729 NUPTA. Lin.. . . . . . . » 30
   a.v. CONCUBINA. Bork. . .
1730 PUERPERA Giorna.. . . . 1 50
   Pellex. Hb.. . . . . . .
1731 ELECTA. Rœs.. . . . . . 1 50
1732 OPTATA. God.. . . . . . 3 »
   a v. AMANDA. Bdv. .. . . 3 »
   b.v. SELECTA. Bdv.. . . .
1733 LUPINA. H. S. . . . . . .
1734 PACTA. Lin.. . . . . . .
1735 CONJUNCTA. Esp . . . . .
1736 PROMISSA. Rœs. . . . . . » 75
   a.v. MNESTE. Hb. . . . . .
1737 SPONSA. Lin. . . . . .50 » 75
   a.v. REJECTA. Fisch. . . .
1738 DILECTA. Bork.. . . . . 3 »
1739 NEONYMPHA. Hb . . . .
1740 PARANYMPHA. Lin . . . 2 »
1741 CONVERSA. Esp. 1 50
   a.v. AGAMOS. Hb . . . 3 »
1742 NYMPHÆA. Esp . . . 2 50
1743 DIVERSA. Hb.. . . . . .
   Callinympha. Bdv. . .
1744 DISJUNCTA. Hb. . . . . .
1745 NYMPHAGOGA. Esp. . . . 1 50
1746 PROTONYMPHA. Bdv . . . .

1747 LANGUIDA. H. S . . . . .
1748 EUTYCHEA. Tr. . . . . . .
1749 HYMENEA. W. V. 1 50
   a.v. POSTHUMA. Hb.. . . . 2 »

OPHIUSIDÆ. Gn.
Ophiodes. Gn.
1750 TIRRHÆA. Cr. 1 1 50
1751 LUNARIS. W. V. . . . . . » 75

Pseudophia. Gn.
1752 ILLUNARIS. Hb.. . . . . 75 1 »
1753 GENTILITIA? H. S. . . . .

Ophiusa. Och.
1754 ALGIRA. Lin . . . . 1 »

Grammodes. Gn.
1755 GEOMETRICA. Rossi. . . . 1 1 50
1756 STOLIDA. Fab. . . . . . . 2 »
   Cingularis. H . . . . . .
1757 STUPIDA. H. S.. . . . . .

EUCLIDIDÆ.
Cerocala. Bdv.
1758 SCAPULOSA. Hb . . . . . .

Euclidia. Och.
1759 MI. Lin . . . . » 25
1760 FORTATILIUM. Hb.. . . . .
1761 GLYPHICA. Lin . . . . . .
1762 TRIQUETRA. W. V. . . . . » 75
1763 MUNITA. Hb. . . . .
   a.v. ANGULOSA. Ev. . . . . .

POAPHILIDÆ.
Phytometra. Haw.
1764 SANCTIFLORENTIS. Bdv. . .
1765 ÆNEA. W. V.. . . . . . » 50

FOCILLIDÆ. Gn.
Zethes. Ramb.
1766 INSULARIS. Ramb.. . . . .

DELTOIDES. Latr.
Madopa. Steph.
1767 SALICALIS. W. V. . . . .

Hypena SCHR.

1768 OBESALIS. Hb. . . . .
1769 EXTENSALIS. Gn. . . . . . .
1770 OBSITALIS. Hb. . . . .
1771 PROBOSCIDALIS. Lin. . . .
1772 ROSTRALIS. Lin. . . . . . .
    a.v. VITTATUS. Haw. . . . . .
    b.v. PALPALIS.Fab. . . . . . .
1773 CRASSALIS. Fab . . . .
    a.v. TERRICULALIS. H . . . .
1774 LIVIDALIS. Hb. . . . .
1775 ANTIQUALIS. Hb. . . . . . .
1776 * RAVALIS. Hers. Sch. . . .

Hypenodes. GN.

1777 ALBISTRIGALIS. Haw. . . . . .
1778 COSTÆSTRIGALIS. Steph. . . .

Schranckia. H. S.

1779 TURFOSALIS. Wock. . . . . .

HERMINIDÆ. DUP.

Rivula. GN.

1780 SERICEALIS. W. V. . . , . .

Sophronia. GN.

1781 EMORTUALIS. W. V. . . . . .

Simplicia. GN.

1782 RECTALIS. Ev. . . . .

Herminia. LAT.

1783 DERIVALIS. Hb. . . . .
1784 BARBALIS. Lin. . . . .
1785 TARSICRINALIS. Knock. . .
1786 TARSIPENNALIS. Tr. . . . .
1787 GRISEALIS. W. V. . . . . .
1788 TARSIPLUMALIS. Hb. . . . .
1789 TARSICRISTALIS. H. S. . . . .
1790 CRINALIS. W. V. . . . . . .
1791 GRYPHALIS. H. S. . . . . . .
1792 TENTACULALIS Lin. . . . . .
1793 CRIBRALIS. Hb. . . . .

Nodaria. GN.

1794 HISPANALIS. Gn. . . . .
1795 ÆTHIOPALIS. H. S. . . . .
1796 NODOSALIS. H. S. . . . . . .

Helia. GN.

1797 CALVARIALIS. W. V. . . . . .

PYRALITES.

Odontia. DUP.

1798 DENTALIS. W. V. . . . . . .

Noctuelia. GN.

1799 SUPERBALIS. H. S. . . . .

PYRALIDÆ. GN.

Pyralis. LIN.

1800 FIMBRIALIS. W. V. . . . .
1801 FARINALIS. Lin. . . . . . .
    a.v. LIENIGIALIS. H. S. . . . .
1802 DOMESTICALIS. Zell. . . . .
1803 PERVERSALIS. H. S. . . . . .
1804 GLAUCINALIS. Lin. . . . . .
1805 FULVOCILIALIS. Dup. . . . .
1806 REGALIS. W. V. . . . . . .
1807 RUBIDALIS. W. V. . . . . .
1808 LUCIDALIS. Hb. . . . . .
1809 INCARNATALIS. Dup. . . . . . .

Aglossa. LAT.

1810 PINGUINALIS. Lin. . . . . .
1811 CUPREALIS. Hb. . . . . . .

Stemmatophora. GN.

1812 COMBUSTALIS. F. R. . . . .
1813 CORSICALIS. Dup. . . . . . .

Hypotia. ZELL.

1814 CORTICALIS. W. V. . . . . .

Hypsopygia. HB.

1815 EGREGIALIS. H. S. . . . . .

CLEDEOBIDÆ. DUP.

Actenia. GN.

1816 BORGIALIS. Dup. . . . . .
1817 BRUMEALIS. Hb. . . . . . .
1818 HONESTALIS. Tr. . . . . . .

Cledeobia. STEPH.

1819 ANGUSTALIS. W. V. . . . . .
1820 LORQUINALIS. Gn. . . . . .
1821 LURIDALIS. F. R. . . . . . .
1822 CONNECTALIS. Hb. . . . . . .

1823 Bombycalis. W. V. . . . . .
1824 Netricalis. Hb. . . . . . .
   a.v. Moldavicalis. Dup. . . .
1825 Palermitalis. Gn. . . . . .
1826 Aberralis. Gn. . . . .
1827 Diffidalis. Gn. . . . . . .
1828 Provincialis. Dup. . . . . .
   a.v. Netricalis. Dup. . . . . .
1829 Castillalis. Gn. . . . . . .
1830 Massilialis. Dup. . . . . . .
1831 Pectinalis. N. S. . . . . .

Eurrhypis.

1832 Pertusalis. Hb. . . . . . .

HERCYNIDÆ. Dup.

Threnodes. Dup.

1833 Pollinalis. W. V. . . . . .
1834 Guttulalis. H. S. . . . . .
1835 Sartalis. Hb. . . . . . . '.
1836 Cacuminalis. Ev. . . . . . .

Noctuomorpha. Gn.

1837 Normalis. Hb. . . . .

Heliothela. Gn.

1838 Atralis. Hb . . . .

Hercyna. Tr.

1839 Pyrenæalis. Dup . . . . . .
1840 Sericatalis. H. S. . . . . .
1841 Holosericalis. Hb. . . . . .
1842 Rupicolalis. Hb. . . . . . .

Boreophila.

1843 Manualis. Hb. . . . .
   a.v. Furvalis. Ev. . . . . . .
1844 Scandinavialis. Gn. . . . . .
1845 Frigidalis. Gn . . . .

Orenaia. Dup.

1846 Alpestralis. Fab . . . . .
1847 Anderreggialis. H. S. . . .
1848 Helveticalis. H. S. . . . .

Aporodes. Gn.

1849 Floralis. Hb. . . . .
1850 Siculalis. Dup. . . . . . .
1851 Stygialis. Tr. . . . .
1852 Vespertalis. H. S. . . . .

ENNYCHIDÆ. Dup.

Pyrausta. Sch.

1853 Chionealis. Gn. . . . . . ·
1854 Porphyralis. W. V. . . . .
1855 Punicealis. W. V. . . . . .
1856 Pygmæalis. Dup . . . .
1857 Falcatalis. F. R. . . . .
1858 Purpuralis. Lin . . . . .
   a.v. Chermesinalis. Gn. . . . .
1859 Ostrinalis. Hb. . . . . . .

Rhodaria. Gn.

1860 Palustralis. Hb. . . . . . .
1861 Sanguinalis. Lin. . . . . .
1862 Hæmatalis. Hb. . . . . . .
1863 Virginalis. Dup. . . . . . .
1864 Castalis. Tr. . . . .
1865 Dulcinalis. Tr. . . . . . .
1866 Pudicalis. Dup. . . . . .

Phlyctænodes. Gn.

1867 Pustulalis. Hb. . . . . . .

Herbula. Gn.

1868 Cespitalis. W. V. . . . ·
   a.Intermedialis. Dup . . .
1869 Scutalis. Hb · . . . .
1870 Peltalis. Ev. . . ·
1871 Mucosalis. H. S . .
1872 Sardinialis. Gn. . . . . .
1873 Congeneralis. Gn. . . .
1874 Consortalis. H. S. . .
1875 Ærealis. Hb. . . . .

Tegostoma. Zell.

1876 Comparalis Hb. . . . . .

Anthophilodes. Gn.

1877 Perlepidalis. H. S. . . . .

Ennychia. Tr.

1878 Nigralis. Fab. . . . . . .
1879 Albofascialis. Tr. . . . . .
1880 Alborivulalis. Ev . . .
1881 Cingulalis. Lin. . . ·
1882 Fascialis. Hb. . . . .
1883 Anguinalis. Geoff. . . . . .
1884 Luctualis. Hb. . . . .
1885 Octomaculalis. Lin. . . . .
1886 Quadripunctalis. W. V.

ASOPIDÆ. Gn.

Agrotera. Schr.

1887 Nemoralis. Scop. . . . . .

Endotricha Zell.

1888 Flammealis.. . . . . . .

STENIADÆ. Gn.

Diasemia. Steph.

1889 Litteralis. Scop. . . . . .
1890 Ramburialis. Dup . . . .

Nascia. Curt.

1891 Acutalis. Ev. . . . . . .
1892 Fovealis. Zell . . . . . .

Hypolais. Gn.

1893 Siccalis. Gn . . . .
1894 Nemausalis. Dup.. . . . .

Stenia. Gn.

1895 Bruguieralis. Dup. . . . . .
1896 Adllalis. Gn. . . . . . .
1897 Ophialis. Tr. . . . .
1898 Carnealis. T. . . . .
1899 Ornatalis. Dup. . . . . .
1900 Punctalis. W. V. . . . . . .
1901 Stigmosalis. H. S. . . . . .

Metasia. Gn.

1902 Olbienalis. Gn. . . . . .
1903 Suppandalis Hb. . . . . .
1904 Hymenalis. Gn. . . . . .

HYDROCAMPIDÆ. Gn.

Cataclysta H. S.

1905 Lemnalis. Lin. . . . . . .

Paraponyx. Steph.

1906 Stratiotalis. Lin. . . . .

Hydrocampa. Lat.

1907 Nivealis. W V. . . . . .
1908 Rivularis. Dup. . . . . . .
1909 Nimphæalis. Lin. . . . . .
1910 Stagnalis. Donov . . . . . .

MARGARODIDÆ Gn.

Margarodes. Gn.

1911 Unionalis. Hb. . . . . . .

BOTYDÆ. Gn.

Botys. Lat.

1912 Repandalis. W. V. . . . . .
1913 Aurantiacalis. F. R. . . . .
1914 Lupulinalis. Cl. . . . .
1915 Perpendiculalis. Dup. . . . .
1916 Perlucidalis. Hb. . . . . . .
1917 Pandalis. Hb. . . . .
1918 Trinalis. W. V. . . . . . .
1919 Flavalis. W. V. . . . . . .
   a.v. Lutealis. Dup . . . . .
1920 Hyalinalis. Hb. . . . . . .
1921 Verticalis. Hb. . . . . . .
1922 Lancealis. W. V. . . . . . .
1923 Fuscalis W. V. . . . . .
1924 Terrealis. Tr. . . . .
1925 Diffusalis. Gn. . . . . . .
1926 Asinalis. Hb. . . . . . .
1927 Urticalis. Lin. . . . . . . -

Ebulea. Gn.

1928 Rubetralis. Gn. . . . . . .
1929 Crocealis. Tr. . . . .
1930 Fimbriatalis. Dup. . . . . .
1931 Catalaunalis. Dup. . . . .
1932 Rubricalis. Hb. . . . . . .
1933 Flagralis. Gn. . . . .
1934 Rubiginalis. Hb. . . . . . .
1935 Verbascalis. W. V. . . . . .
1936 Stachydalis. Germ. . . . .
1937 Sambucalis. Alb. . . . . . .

Pionea. Gn.

1938 Forticalis. Lin. . . . . . .
1939 Vandalusialis. H. S . . .
1940 Margaritalis. Fab. . . . . .
1941 Cruentalis. H . . . . . .
1942 Pollialis. W. V. . . . . .
1943 Limbalis. Lin. . . . . . .
1944 Stramentalis. Hb. . . . . . .

Orobena. Gn.

1945 Sophialis Fab. . . . . . .
1946 Blandalis. Gn. . . . .
1947 Segetalis. H. S. . . . . . .
1948 Umbrosalis. F. R. . . . . .

1949 FRUMENTALIS. Lin. . . . .
1950 IMPLICALIS Gn. . . . . . .
1951 ISATIDALIS. Dup. . . . . .

Spilodes. GN

1952 STICTICALIS. Lin. . . . .
1953 COMPTALIS. H. S. . . . .
1654 ÆRUGINALIS. Hb. . . . . .
   a v. OLIVALIS. Hb . . . .
1955 DESERTALIS. Hb. . . . . .
1956 CLATHRALIS. Hb. . . . .
1957 TESSELLALIS. Gn. . . . . .
1958 VIRESCALIS. Gn. . . . .
1959 TURBIDALIS. Tr. . . . .
1960 GILVALIS. Hb. . . . . . .
1961 SULPHURALIS. Hb. . . . .
1962 LAVALIS. H. S . . . .
1963 PALEALIS. W. V . . . . .
1964 CINCTALIS. Tr. . . . . . .

Scopula. SCHR.

1965 ÆNEALIS. W. V. . . . . .
1966 MUNDALIS. GN. . . . . .
1967 MURINALIS. Fisch. . . . . .
1968 ALPINALIS. W. V. . . . .
   a.v. ULIGINOSALIS. Steph. . . .
1969 ABLUTALIS. Ev. . . .
1970 AUSTRIACALIS. H. S. . . . .
1971 RHODODENDRONALIS Dup. .
1972 DONZELALIS. Gn. . . . . .
1973 NEBULALIS. Hb. . . . .
1974 LUTEALIS. Haw. . . .
1975 INSTITALIS, Hb. . . . . .
   a.v. FERRARALIS Dup.
1976 OLIVALIS W. V. . . . .
1977 ELUTALIS. W. V. . . .
1978 PRUNALIS. W. V. :
1979 SCORIALIS. Zell. . . .
1980 NYCTEMERALIS Hb. . . . .
1981 INQUINATALIS. Zell. . . . . .
1982 ARGILLACEALIS. Zell .
1983 DISPUNCTALIS. H. S . . . .
1984 FULVALIS. Hb. . . . . .
1985 FERRUGALIS. H. . . . . .
1986 NUMERALIS. Hb. . . . . .
1987 DECREPITALIS. H. S. . . . .

Lemiodes. GN.

1988 PULVERALIS. Hb. . . . .

Nymphula. SCHR.

1989 INTERPUNCTALIS. Hb. . . .
   a.v NUDALIS. Hb. . . . . . .
1990 UNIPUNCTALIS. Dup . . . .
1991 BIPUNCTALIS Dup. . . . . .

Mecyna.

1992 POLYGONALIS. Hb. . . .
1993 RUSTICALIS. Hb. . . . . .

SCOPARIDÆ. GN.

Stenopteryx. GN.

1994 HYBRIDALIS. Hb . . . . .

'Hellula. GN.

1995 UNDALIS. Fab. . . . . . .

Scoparia. HAW.

1996 CENTURIALIS. W. V. . . . .
1997 PYRENAICALIS. Dup. . . . .
1998 INCERTALIS. Zell. . . . . .
1999 AMBIGUALIS. Tr. . . . . .
2000 CEMBRALIS. Haw. . . . .
2001 ERRALIS. Gn. . . . . . .
2002 INGRATALIS. Zell. . . . . .
2003 PYRALALIS. W. V. . . . .
   a.v. TRISTRIGELLA. Steph. . .
2004 PERPLEXALIS. Zell. . . . .
2005 MANIFESTALIS. H. S. . . .
2006 PHÆOLEUCALIS. Zell. .
2007 VESUNTIALIS. Gn. . . .
2008 VALLESIALIS Dup. . . . .
2009 PARALIS. Zell. . . . . . .
2010 DELPHINATALIS. Gn. . . . .
2011 MURALIS Curt. . . . . . .
2012 LINEOLALIS. Steph. . . . .
2013 SUDETICALIS. Zell. . . . . .
   a.v LUZIALIS. Gn. . . . . .
2014 LÆTALIS. Zell. . . . . . .
2015 MERCURALIS. Lin. . . .
2016 CRATÆGALIS. Hb. . . . . .
2017 RESINALIS. Haw. . . . . .
2018 COARCTALIS. Zell . . . . .
2019 PALLIDULALIS. Steph. . . . .
2020 ŒRTZENIALIS. H S . . . .
2021 OCHREALIS. W V . . . . .

PHALENITES. Dup.

URAPTERYDÆ. Gn

Urapteryx. Leach.

2022 Sambucata. Lin. . . . . . . » 75
2023 Persicaria ? Menet. . . . . .

ENNOMIDÆ. Gn.

Therapis. Hb.

2024 Evonymaria. W. V . . . . .

Epione. Dup

2025 Vespertaria. Lin. . . . . . » 50
 Parallelaria. W. V . . . .
2026 Apiciaria. W. V. . . . » 40
2027 Acuminaria. Ev. . . . . : . ,
2028 Advenaria. Hb. . . . . . . » 30

Rumia. Dup.

2029 Cratægata. Alb. . . . . . » 25

Caustoloma. Led.

2030 Flavicaria. W. V . . . . .

Venilia. Dup. ·

2031 Maculata. Lin. . . . . . . » 25

Angerona. Dup.

2032 Prunaria. Lin. . . . . . . » 50
 a.v. Sordidata. Rœs. . . . . 1 »
 Corylaria. Esp. . . . . .

Metrocampa.

2033 Honoraria. W. V . . . . › 60
2034 Margaritata. Lin . . . » 60

Ellopia. Tr.

2035 Fasciaria. Lin . . . . . . » 50
2036 Manitiaria ? H. S. . . . .
2037 Prasinaria. W. V . . . . » 75

Eurymene. Dup.

2038 Dolabraria. Lin . . . . . » 50

Pericallia. Steph.

2039 Syringaria. Rœs . . . . . » 60

Selenia. Hb.

2040 Illunaria. Alb . . . . . . » 40
 a.v. Juliaria Haw . . . .

2041 Lunaria. Alb. . . . . » 40
 b.v Delunaria. Hb. . . . » 40
2042 Illustraria Alb. . . . . » 50

Odontopera. Steph.

2043 Bidentata. Alb. . . . . .
 Dentaria. Hb. . . . . , » 60
2044 Dardoinaria. Dz . . . .

Crocallis. Tr.

2045 Elinguaria. Alb . . . . . » 40
2046 Trapezaria. Bdv . . . . .
*2047 Tusciaria. Scr . . . .
 Exlimaria. Hb . . . . . .

Ennomos. Tr.

2048 Alniaria. Lin . . . . . . » 30
2049 Tiliaria. Bork. . . . . . . 1 »
2050 Fuscantaria. Haw . . . . 1 »
2051 Quercaria. Hb. . . . . .
2052 Erosaria. W. V . . . . . » 40
 a v. Quercinaria. Bork . . .
2053 Effractaria. Frey. . . . .
2054 Angularia. W. V . . . . » 25
 a.v. Angularia. Esp. . . . .
 Carpinaria. H . . . . .

Himera. Dup.

2055 Pennaria. Alb. . . . . . .

AMPHIDASYDÆ. Gn.

Phigalia. Dup.

2056 Pilosaria. Alb. . . . . . . » 30

Chondrosoma. Anker.

2057. Fiduciaria. Ank. . . . . . » »

Nyssia. Dup.

2058 Zonaria. W. V. 50
2059 Bombycaria. Bdv. . . . . .
2060 Græcaria Bdv . . . . .
2061 Alpinaria. Sulz . . . . .
2062 Pomonaria. Alb . . . .
2063 Lapponaria. Dup. . . . . .
2064 Lanaria. Ev. . . . .
2065 Lignidaria. Ev. . . . . . .
2066 Hispidaria. W. V . . . . . 1 »

Apocheima. H. S.

2067 FLABELLARIA. Heeg . . . .

Biston. LEACH.

2068 HIRTARIA Alb . . . . . . » 30
   *a.*v. FUMARIA. Haw. . . . .
   *b.*v. NECESSARIA. Zell. . . .

Amphidasys. TR.

2069 PRODROMARIA. W. V.. . . 1 »
2070 BETULARIA. Alb. . . . . . » 25

BOARMIDÆ. GN.

Hemerophila. STEPH.

2071 ABRUPTARIA. Thbg. . . . » 75
   Petrificaria. D. . . . .
2072 NICTEMERARIA. Hb . . . . 1 »
2073 SOLIERARIA. Ramb . . . .
2074 STRICTARIA. Led . . . . .

Nychiodes. LED.

2075 LIVIDARIA. Hb. . . . . . . | »

Synopsia. HB.

2076 *BITUMINARIA. Led . . . .
2077 AMYGDALARIA. H. S.. . . .
2078 SOCIARA, Hb. . . . .
2079 LURIDARIA. Frey . . . . .
2080 PROPINQUARIA. Bdv. . . . .

Phaselia.

2081 *PHÆOLEUCARIA. Led. . . .

Calamodes. GN.

2082 OCCITANARIA. Dup. . . . . . » 75

Cleora. CURT.

2083 VIDUARIA. W. V.. . . . . » 75
2084 PSORICARIA. Ev. . . . . .
2085 GLABRARIA. Hb. . . . . . .
2086 LICHENARIA. Wilk. . . . . » 50

Boarmia. TR.

2087 ILICARIA. Hb . . . .
   *a.*v. MANUELARIA. H. S . . .
2088 SECUNDARIA. W. V. . . .
2089 UMBRARIA. Hb . . . . . .
2090 REPANDARIA. Lin. . . . . . » 40
   *a.*v. CONVERSARIA. Hb.. . .
   *b.*v. DESTRIGARIA. Steph.. .
   *c.*v. MURARIA. Curt. . . . .

2091 RHOMBOIDARIA. Kléem. . . » 25
   *a.*v. ABSTERSARIA. Bdv. . . .
2092 PERVERSARIA. Bdv. . . . .
2093 ABIETARIA. W. V. . . . . .
   *a.*v. SERICEARIA. Curt . . .
2094 CICTARIA. W. V. . . . . » 25
2095 CONSIMILARIA. Dup. . . .
2096 ROBORARIA. Alb . . . . . » 40
2097 CONSORTARIA. Fab.. . . . » 25
2098 SELENARIA. W. V . . . .
   *a.*v. DIANARIA. Hb. . . . .

Tephrosia. BDV.

2099 CONSONARIA.. . . . . . . » 25
2100 CREPUSCULARIA. W. V. . . » 25
   *a.*v. ABIETARIA. Haw . . . .
   *b.*v. BIUNDULARIA. Esp. . . .
2101 EXTERSARIA. Hb. . . . . . » 25
2102 PUNCTULALA. W. V. . . . » 25

Gnophos. TR.

2103 DUMETATA. Tr.. . . . . .
   *a.*v. TEMPERATA. Ev. . . . .
   *b.*v. DAUBEARIA. Bdv . . . .
2104 RESPERSARIA. Hb. . . . . .
2105 MUCIDARIA. Hb. .. . . . » 50
2106 VARIEGATA. Dup. . . . . .
2107 GLAUCINATA. Hb. . . . . » 50
   *a.*v. SARTARIA. Hs . . . . .
   *b.*v. SUPINATA. Led. . . . .
2108 SIBIRIATA? Gn. . . . . .
2109 SARTATA. Tr . . . . . .
2110 FURVATA. Kléem. . . . . 1 »
2111 OBSCURATA. W. V.. . . . » 25
   *a.*v. SEROTINARIA Haw . .
   *b.*v. DILUCIDARIA. Steph.. .
   *c.*v. PULLATA. Dup. . . . .
2112 SERRARIA. Ramb . . . . .
2113 SEROTINARIA. W. V . . . .
2114 DILUCIDARIA. W. V.. . . .
2115 MEYERARIA? Lah. . . . .
2116 MENDICARIA. H. S. . . . .
2117 OPHTHALMICATA Led . . . .
2118 AMBIGUARIA. Dup.. . . . .
2119 DOLOSARIA. H. S.. . . .
2120 PULLATA. W. V. . . . . . .
   *a.*v. IMPERTINATA . . . . . .

2121 CANITIARIA. Gn . . . .
2122 PULLULARIA. H. S . . . . .
2123 ONERARIA? H. S. . . . . . .

Dasydia. GN

2124 OBFUSCATA. W. V. . . . . . 1 »
2125 OPERARIA. H S. . . . . . .
2126 SPURCARIA. Lah. . . . . . .
2127 ANDERREGGARIA. Lah. . . . .
2128 ZELLERARIA. Frey. . . . . .
2129 CŒLIBARIA. H. S. . . . . .
2130 TORVARIA. H. . . . .
   a.v. HORRIDARIA. Hb . . . . .
   b.v. INNUPTARIA. H. S . . .
2131 SEPTARIA. Gn . . . .

Psodos. TR.

2132 ALPINATA. W. V. . . . . . » 40
   Equestraria. Fab. . . . . .
2133 HORRIDARIA. W. V. . . . . » 50
2134 TREPIDARIA. Hb. . . . . . .
   a.v. CHAONARIA. Frey. . . . .
2135 ALTICOLARIA. Mand . . . . .

Pygmæna. BDV.

2136 VENETARIA. Hb . . . . . . » 50

Mniophila. BDV.

2137 CINERARIA. W. V. . . . . . » 25
   Corticaria D. Bdv. . . . . .
2138 CORTICARIA. W. V. . . . . .
2139 CARIERARIA. H. S. . . . . .
   Cineraria D. Bdv. . . . . .

BOLETOBIDÆ. GN.

Boletobia. BDV.

2140 FULIGINARIA. Lin . . . . . » 75
   Carbonaria. W. V. . . .

GEOMETRIDÆ. GN.

Pseudoterpna. HB

2141 CORONILLARIA. Hb. . . . . . » 75
2142 CORSICARIA. Ramb. . . . . .
2143 CYTHISARIA. Rœs . . . . . . » 25
   a.v. AGRESTARIA. Dup. . . . .
2144 PORRACEARIA. Bdv. . . . . .

Geometra. LIN.

2145 PAPILIONARIA. Lin. . . . . . » 75
2146 SMARAGDARIA. Fab. . . . . . 1 »
2147 VOLGARIA? EV . . . .

Nemoria. HB.

2148 VIRIDATA. Lin. . . . . » 30
2149 MELINARIA. EV . . . . . .
   Herbaria. Bdv.? . . . . .
2150 CLORARIA. Hb. . . . . . .
2151 ETRUSCARIA. Zell . . . . .
2152 PULMENTARIA. Gn . . . . .
   Cloraria. Dup. . . . . . .
2153 HERBARIA. Hb . . . .
2154 ADVOLATA. EV. . . . . . .
2155 OLYMPIARIA. H. S. . . . . .

Iodis. HB.

2156 VERNARIA. Lin . . . . . . » 50
2157 IMPARARIA. Gn . . . . . .
2158 LACTEARIA. Lin . . . . . . » 25
   Putataria. D. . . . . . .
2159 PUTATARIA. Lin. . . . . .

Eucrostis. HB.

2160 INDIGENERIA. Vill 1 50

Phorodesma. BDV.

2161 BAJULARIA. W. V. . . . . . » 75

Thetidia. BDV.

2162 PLUSIARIA. Bdv. . . . . . .

Hemithea. DUP.

2163 BUPLEVRARIA. Frisch. . . . » 50
2164 THYMIARIA. Alb. . . . . . .
   Æstivaria. Brahm. . . . . » 25

EPHYRIDÆ. GN.

Ephyra.

2165 PUPILLARIA. Hb. . . . .
   a.v. GYRARIA. Dup. . . . . .
2166 GYRARIA. Hb. . . . .
2167 PORARIA. Alb. . . . . » 30
2168 PUNCIARIA. Alb. . . . . . . » 25
2169 SUBPUNCTARIA. Zell. . . . .
2170 STRABONARIA. Zell. . . . .
2171 TRILINEARIA. Bork. . . . . . » 30
2172 NOLARIA. Hb. . . . .
2173 ALBIOCELLARIA. Hb. . . . . .
   Argusaria. Bdv. . . . . . .
2174 OMICRONARIA. W. V. . . . . » 40
2175 ORBICULARIA. Hb. . . . . .
2176 PENDULARIA. Lin. . . . . . . » 25

ACIDALIDÆ. Gn.

Hyria. St.

2177 Auroraria. W. V. . . . . . » 50

Asthena. Hs.

2178 Luteata. W. V. . . . . » 50
2179 Candidata. W. V. . . . . » 25
2180 Anseraria. H. S . . . . .
2181 Nymphulata Gn. . . . . . .
2182 Sylvata. W. V. . . . . . .
2483 Blomeraria. Curt. . . . .

Eupisteria. Bdv.

2184 Heparata. W. V. . . . . » 40

Venusia. Curt.

2185 Cambricaria Curt . . . .
    Erutaria. Bdv. . . . . . .

Cleta. Dup.

2186 Vittaria. H . . . .
2187 Perpusillaria. Ev. . . . .
2188 Pygmæaria. Hb . . .
    Parvularia. Bdv . .

Acidalia. Tr.

2189 Sericeata Hb . . . . » 50
2 90 Aureolaria. W. V. . . . » 30
8191 Flaveolaria. Hb. . . . . » 50
°192 Filacearia. H S. . . .
2193 Perochraria. F. R. . . » 30
    Ochrearia. Dup. . . .
2194 Exilaria. Bdv. . .
2195 Ochrata Scop. . . . » 25
    Pallidaria. H. . . . . . .
    a.v Perochraria Steph. . .
2196 Rufularia. Ev. . . . .
2197 Rufaria. Hb. . . . . . » 30
2198 Consanguinaria. Led. .
2199 Sylvestraria Dup. . . » 25
2200 Asellaria. H. S. . . . . .
2201 Moniliata. W. V .
2202 Rubricata. W. V. . . . . » 25
2203 Turbidaria. Hb. . . . .
2204 Macraria Gn. . . . . .
    Macilentaria? Bdv. . . . .
2205 Circuitaria. Hb. . . . . .
    a.v. Mimosaria. . . . . .

2206 Sulphuraria. Frey . . . .
2207 Immistaria. H. S. . . . .
2208 Albiceraria. H. S. . . . .
2209 Ochroleucata. H. S. . . .
2210 Inustata. H S. . . . . . .
2211 Scutulata. W. V. . . . .
2212 Lævigata. Scop . . . . .
2213 Manicaria. H. S . . . .
2214 Politaria Hb. . . . . . .
2215 Bisetata. Bork. . . . . » 25
2216 Reversata. Tr. . . . . . » 25
2217 Contiguaria Hb. . . . .
2218 Typicata Gn. . . . . . .
2219 *Consolidata. Led. . . . .
2220 Herbariata. Fab . . . . . » 50
    Microsaria. Bdv. . . . . .
2221 Subsaturata. Gn. . . . . .
2222 Incomptaria. Bdv. . . . .
2223 Filicata Hb. . . . .
2224 Rusticata W. V. . . . . » 25
2225 Ostrinaria. Hb. . . . . .
2226 Osseata. W. V. . . . . . » 25
2227 Interjectaria. Bdv. . . .
2228 Holosericata Dup. . . . .
2229 Argilata. Gn. . . . .
2230 Attenuaria. Ramb. . . . .
2231 Ledererata. Gn. . . . . .
2232 Monadaria. Gn. . . . . . .
2233 Incanaria. Hb. . . . . » 25
    a v Canteneraria. Bdv. . .
2234 Paleacata. Hb. . . . . . .
2235 Infirmaria. Ramb. . . . . .
2236 Efflorata. Zell. . . . . . .
2237 Troglodytaria. H. S. . . .
2238 Sodaliaria. H. S. . . . .
2239 Aridata. Zell. . . . . . .
2240 Elongaria. Ramb. . . . .
2241 Obsoletaria. Rb. . . . . .
2242 Pinguedinaria. Zell . . . .
2243 Circellata. Gn. . . . . .
2244 Fractilineata. Zell. . . . .
2245 Ornata Scop. . . . . . . » 25
2246 Congruaria. Zell. . . . . .
2247 Decorata. W. V. . . . . . » 30
2248 Concinnata. Dup. . . . .

2249 NEXATA. Hb..		
2250 SUBMUTATA Tr.		
2251 CONFINARIA. H. S.		
2252 FALSARIA. H. S..		
2253 PROMUTATA. Rœs . . .	» 25	
Immutata. W. V.		
2254 BECKERARIA. Led. . . .		
2255 ADJUNCTARIA. Bdv.		
2256 MUTATA. Tr.		
2257 STRAMINATA. Tr.		
2258 BYSSINATA. Tr.		
2259 SUBSERICEATA Haw. . . .		
_a._v. ASBESTARIA. Zell. .		
2260 DISTINCTARIA. Bdv.		
2261 MEDIARIA. Hb..		
2262 STRIGARIA. Hb..		
2263 DISSIDIATA. Gn.		
2264 LITIGIOSARIA. Bdv..		
2265 IMMUTATA. Lin		
Cæspitaria. Bdv.		
2266 CARICARIA H. S		
2267 DIGNATA. Gn.. . . .		
2268 NEMORARIA. Hb		
2269 DEPUNCTATA. Scop. . . .		
Punctata. D		
2270 REMUTATA. Hb. . . .	» 25	
2271 COMMUTATA. Frey.	, 50	
2272 UMBELARIA. Hb.	» 50	
2273 STRIGILATA. W. V. . .	» 30	
Prataria. Bdv. . . .		
2274 RECTISTRIGARIA. Ev.. . .		
2275 IMITARIA Hb.	» 40	
2276 FLACCIDARIA. H. S..		
2277 EMUTARIA. Hb		
2278 AVERSATA. Lin.	» 75	
_a._v. LIVIDATA Lin . . .		
2279 INORNATA. Haw.		
_a._v. MARITIMATA. Gn. .		
_b._v. SUFFUSATA. Tr.		
2280 AGROSTEMMATA. Gn.		
2281 INCARNARIA H S .		
2282 DEGENERARIA Hb. .	» 40	
2283 EMARGINATA Lin .	» 25	

Timandra. DUP.

2284 AMATARIA. Lin.	» 30	
2285 SAREPTARIA. Ev		

Pellonia. DUP.

2286 VIBICARIA. Lin..	» 25	
2287 CALABRARIA. Pet	» 50	
2288 TABIDARIA. Zell..		
2289 SICANARIA. H. S.		

MICRONIDÆ. GN.

Erosia GN

2290 EXORNATA. Ev		

CABERIDÆ. GN.

Stegania. GN.

2291 CABARIA. Hb . . .		
2292 DILECTARIA Hb		
2293 DALMATARIA. Bdv		
2294 PERMUTARIA. Hb.. . . .	» 50	
_a_ v. COMMUTARIA. Hb . . .		

Thamnonoma. Led.

2295 GESTICULARIA. Hb.		
_a_ v. GRALLSARIA. Feisth		
_b._v. INQUINATARIA. Bdv. . .		
2296 CONTAMINARIA. Hb.. .	» 40	

Cabera. TR.

2297 PUSARIA. Alb..	» 25	
2298 ROTUNDARIA Haw . . .		
2299 EXANTHEMARIA. Alb. . . .	» 25	
2300 ALBEOLARIA. Bdv. . . .		

Corycia. DUP.

2301 TEMERATA. W. V. . . .	» 40	
2302 TAMINATA. W. V. . . .	» 30	

Aleucis. GN.

2303 PICTARIA. Curt.		

MACARIDÆ.

Eilicrinia. HB

2304 TRINOTARIA. Metzn. . .		
2305 CORDIARIA. Hb.		
_a._v. ANIMATA F. R		
2306 SUBCORDARIA H S .		
2307 ANICULARIA. Ev. . . .		

Macaria. Curt.

2308 ALTERNATA. W V	» 25	
2309 NOTATA. Lin.	» 25	
2310 LITURATA Lin.	» 40	

2311 Signaria. Hb . . . . » 50
2312 Continuaria. Ev . . . . .
2313 Æstimaria. Hb . . . . · » 25

Malia. Dup.

2314 Lopicaria. Ev . . . . . .
2315 Wavaria. Alb . . . . . » 25
2316 'Halituaria. Gn . . . . .
2317 Stevenaria. Bdv . . . . .

FIDONIDÆ.

Tephrina. Gn.

2318 Biparata ? Led . . . . . .
2319 Vincularia. Hb . . . . . .
2320 Rippertaria. Dup . . . .
2321 Peltaria. Dup . . . . . . » 75
2322 Partitaria. Hb . . . . . .
2323 Artesiaria. W. V . . . . .
2324 Tephraria. Hb . . . . . .
2325 Pruinaria. Ev . . . . .
2326 Assimilaria. Ramb . . . .
2327 Murinaria. W. V. . . . . » 25
2328 Grisolaria. Ev . . . . . .
2329 Semilutata. Led . . . . .
2330 Flavidaria. Ev . . . . . .
2331 Arenacearia. W. V . . . .

Aplasta. Hb.

2332 Ononaria. Fuess . . . . . » 50

Psamotodes. Gn.

2333 Catalaunaria. Gn . . . . .

Strenia. Dup.

2334 Glarearia. W. V . . . . . . » 50
2335 Immorata. Lin . . . . . . » 50
2336 Tessellaria. Bdv . . . .
2337 Clathrata. Lin . . . . . .) 25
  a. v. Cancellaria. Hb. .

Cinglis. Gn.

2338 Humifusaria. Ev . . . . .

Rhoptria. Gn.

2339 Asperaria. Hb . . . . . .
  Collaria. Bdv . . . . . .

Liodes. Gn.

2340 Tibiaria. Ramb . . . . . .
  Fuscaria. Bdv . . . . . .
2341 Fuscaria ? Hb . . . . . .

Spartopteryx.

2342 'Serrularia. Led . . . . .

Egea. Dup.

2343 Culminaria. Ev . . . . . .

Panagra. Gn.

2344 Petraria. Hb . . . . » 30

Ploseria. Bdv.

2345 Diversata. W. V . . . . .

Numeria. Dup.

2346 Capreolaria. W. V . . . . » 50
  a. v. Donzelaria. Dup . . . .
2347 Pulveraria. Alb . . . . . » 50

Scodiona. Bdv.

2348 Turturaria. Dup . . . . .
2349 Conspersaria. W. V . . .
2350 Lentiscaria. Donz . . . .
2351 Emucidaria. Hb . . . . . .
2352 Belgiaria. Hb . . . . . .
2353 Penularia ? Hb . . . . . .
2354 Perspersaria. Dup . . . . . » 75
2355 Miniosaria. Dup , ...
2356 Agaritharia. Dard . . . .

Eusarca. H. S.

2357 Jacularia. Hb . . . . . .
2358 Badiara. Frey . . . . . . » 50

Selidosema. Led.

2359 Interpunctaria. H. S . . . .
2360 Cerataria. Gn . . . .
2361 Semicanaria. Frey . . . .
2362 Plumaria. W. V . . . . . » 60
  a. v. Pyrenearia. Bdv . . . .
'2363 Osiraria. Bdv . . . . . .
2364 Tæniolaria. Hb 75
2365 Ambustaria. Hb . . . . . .

Fidonia. Tr.

2366 Clibraria. Hb . . . .
  Zebraria. D . . . .
  a. v. Baliearia. Frey . . . .
2367 Carbonaria. Lin . . . . . .
  Picearia. H . . . .
  a. v. Roscidaria. H . . . . .
2368 Atomaria. Lin . . . . » 25

2369 Concordaria. Hb . . . . » 60
2370 Piniaria. Lin.. . . . . . » 30
2371 Pinetaria. Hb. . . . . . .
    Quinquaria. D . . . . . .
    a.v. Brunneata. Steph.. . . .
2372 Saburraria. Ev.. . . . . .
2373 Conspicuata. W. V.. . . » 30
2374 Roraria. Fab.. . . . . .
2375 Chrysitaria. Hb . . . . .
2376 Pennigeraria. Hb.. . . . .
2377 Plumistaria. Vill. . . . . . *r* 50

Heliothea. Bdv.
2378 Discoidaria. Bdv.. . . . .

Cleogene. Dup.
2379 Peletieraria. Dup . . . . » 75
2380 Lutearia. Fab. . . . . . . » 50
    Tinctaria. H.. . . . . . .
2381 Illibata. W. V.. . . . . .

Anthometra.
2382 Concoloraria. Bdv. . . . .
    Plumularia. Bdv.. . . . . .

Minoa. Tr.
2383 Euphorbiata. W. V.. . . » 25
    a.v. Monochroaria. H. S. .

Scoria. Steph.
2384 Dealbata. Lin. . . . . . . » 30

Lythria. Hb.
2385 Purpuraria Lin. . . . . . » 25
    a.v. Cruentaria. Bork. . . .
    b.v. Rotaria. Fab. . . . . .
2386 Plumularia. Frey . . . .
2387 Sanguinaria. Bdv.. . . . .
2388 Porphyraria. H. S. . . . .

Sterrha. Hb.
2389 Sacraria. Lin. . . . . . . » 30
    a.v. Sanguinaria. Esp. . .
2390 Rosearia. Tr . . . .
2391 Anthophilaria. H.. . . . .

Hypoplectis. Hb.
2392 Adspersaria. Fab. . . . . .

Aspilates. Tr.
2393 Strigillaria. Hb. . . . .. » 30
    a.v. Cretaria. Ev. . . . . .
2394 Citraria. Hb.. . . . . . » 30
2395 Gilvaria. W. V. . . . . » 25
2396 Curvaria. Ev.. . . . . .
2397 Formosaria. Ev. . . . . .
    Gloriosaria. Bdv. . . . . .
2398 Mundataria. Ev.. . . . . 2 »

ZERENIDÆ. Gn.
Rhyparia. Hb.
2399 Melanaria. Lin. . . . . . .

Abraxas. Leach.
2400 Grossulariata. Lin. . .   . » 25
2401 Ulmata. Sepp. . . . . . . » 50
2402 Pantaria. Lin. . . . . . » 50
2403 Cataria. Gn. . . . . . .

Ligdia. Gn.
2404 Adustata. W. V. . . . . » 30

Lomaspilis. Hb.
2405 Marginata. Lin.. . . . . » 25
    a.v. Pollutaria. Hb. . . .

Orthostixis. Hb.
2406 Lætata. Fab . . . . . .
    Cribraria.. H. . . . . . .

LIGIDÆ. Gn.
Timia. Bdv.
2407 Margarita. Hb . . . . .

Ligia. Dup.
2408 Jourdanaria. de Vill.. . . 1 »
2409 Argentaria. H. S. . . .
2410 Opacaria. Hb.. . . . . . » 75

Pachycnemia. Steph.
2411 Hippocastanaria. Hb. . . .

Chemerina. Bdv.
2412 Caliginearia. Ramb.. . . .
    Ramburaria Bdv. . . . . .

HYBERNIDÆ.
Acalia. Gn.
2413 Pravata. Hb.. . . . . . .
2414 Fumidaria. Hb. . . . . . .

Hybernia. Lat.

2415 Rupicapraria. W. V. . . .   » 30
   a.v Ibicaria. H. S. . . . . .
2416 Bajaria. Kléem. . . . . . » 25
2417 Leucophæaria. W. V. . » 25
   a.v. Marmorinaria. Esp . .
    Nigricaria. H. . . . . .
2418 Progemmaria. Alb. . . . » 25
2419 Aurantiaria. Hb. . . . . » 25
· 2420 Defoliaria. Alb. . . . . » 30

Anisopteryx. Steph.

2421 Æscularia. W. V. . . . . » 25
2422 Aceraria. W. V. . . . . » 25

LARENTIDÆ.

Cheimatobia. Steph.

2423 Brumata. Lin. . . . . . . » 25
2424 Boreata. Hb. . . . .

Oporabia. Steph.

2425 Dilutata. Alb. . . . . . » 25
2426 Autumnata. Bdv. . . . . » 40
2427 Filigrammaria. H. S. . .
   a.v. Autumnaria. Dbd . . .

Larentia. Tr.

2428 Rupestrata. W. V. . . . . » 25
   a.v. Bassiaria. Feist . . .
2429 Parallelaria. Bork . . .
   Vespertaria. . Hb. Bdv. .
2430 Didymata. Lin. . . . . .
   Alpestrata. H. . . . .
2431 Frigidaria. Gn. . . . . .
2432 Multistrigaria. Haw. . .
   a.v. Nebulata. Dup. . . . .
2433 Austriacaria. H. S. . . .
2434 Polata. Hb. . . . .
2435 Gelata. Gn. . . . . . .
2436 Cæsiata. W. V. . . . . » 50
2437 Ruficinctata. Gn. . . . .
2438 Cæruleata. Gn . . . . . .
2439 Cyanata. Hb . . . . . .
2440 Ravaria. Led. . . . . .
2441 Nobiliaria. H. S. . . .
2442 Tempestaria. H. S. . . .
2443 Flavicinctata. Hb. . . .

2444 Tophaceata. . W. V . . .
   a.v. Molliculata. Gn. . . .
2445 Ablutaria. Bdv . . . . .
2446 Incultaria. H. S. . . . .
2447 Aqueata. Hb . . . . . ·
   Lotaria. Bdv.
2448 Nebulata. Tr . . . . . .
2449 Senectaria. H. S. . . . .
2450 Saxicolata. Led. . . . .
2451 Adumbraria. H. S. . . .
2452 Incursata H. . . . . . . ·
   a.v. Decrepitaria. Zett . . .
   b v. Polygrapharia. Bdv. .
2453 Salicata. W. V. . . . .
   a v. Podevinaria. H. S . .
2454 Sandosaria. H. S. . . . .
2455 Frustata. Tr. . . . . . .
   a.v. Muscosata. Donz .
2456 Kollararia. H. S. . . . .
   Larentiaria. Bruand.
   a.v. Lætaria. Lah. . . . . .
2457 Turbata. Hb. . . . . . . » 75
2458 Olivata. W. V. . . . . .
2459 Aptata. H. . . . .
   a.v. Pontissalaria. Br. . .
2460 Pectinataria. Fuess. . . » 25
   Miaria. Hb.

Emmelesia. Steph.

2461 Affinitata. Steph . . . .
   a.v. Turbaria. Steph . . .
2462 Alchemilata. Lin. . . . .
   Rivulata. W. V.
2463 Hydrata. Tr. . . . . . . » 50
2464 Albulata. W. V. . . . . » 25
2465 Decolorata. Hb. . . . . » 50
2466 Tæniata. Steph . . . . .
2467 Unifasciata. Haw. . . . .
   Scitularia. Ramb.
2468 Linulata. Gn . . . . . .
2469 Minorata. Tr . . . . . .
   Jucundaria. Bdv. . . . . .
2470 Ericetata. Curt . . . . .
2471 Blandiata. W. V. . . . » 40

Eupithecia. Curt.

2472 Breviculata. Donz. . . . .
2473 Venosata. Fab. . . . . . » 75

2474 CONSIGNATA. Bork . . . . .
2475 DESPECTARIA. Led . . . . .
2476 LINARIATA. W. V. . . . . . » 40
2477 PULCHELLATA. Steph . . .
2478 EXTREMATA. Fab. . . . . .
2479 CENTAUREATA. Ræs. . . . » 30
2480 LIGUSTICATA. Donz. . . . .
2481 SUCCENTURIATA. Lin . . . .
   a.v. DISPARATA. H . . . . .
   b.v. OXIDATA. Tr. . . . . . . » 50
   c.v. SUBFULVATA. Haw. . . .
2482 SUBUMBRATA. W. V. . . . .
2483 MODICATA. Hb . . . . . .
2484 IMPURATA. Hb . . . . . .
   a.v. SEMIGRAPHARIA. Hb. . .
   b.v. UNITARIA. H. S. . . .
2485 DENTICULATA. Tr . . . . .
2486 GRAPHATA. Tr . . . . . .
2487 SCRIPTARIA. H. S . . . . .
2488 MAYERATA. Mann . . . . .
2489 SILENATA. Stand . . . . .
2490 RIPARIA. H. S . . . . . .
2491 *TRIBUNARIA. H.S . . . .
2492 EXTRAVERSARIA. H. S ; .
2493 SUBSEQUARIA. H. S . . . .
2494 TRIPUNCTARIA. H. S . . . .
2495 CAUCHYATA. Dup. . . . . .
2496 AGGREGATA. Gn . . . . . .
2497 PERNOTATA. Gn . . . . . .
2498 ITALICATA. Gn. . . . . . .
2499 PLUMBEOLATA. Haw . . . . » 50
   Begrandaria. Bdv.
   a.v. SINGULARIA. H. S . . . .
2500 PYGMÆATA. Hb . . . . . .
2501 IMMUNDATA. ZELL . . . . .
2502 GUINARDIARIA. Bdv . .
2503 HELVETICARIA. Bdv . . . .
2504 ARCEUTHATA. Frey . . . . .
2505 SATYRATA. Hb. . . . . . . » 50
   a.v. GRAMMARIA. Bdv . . . .
   b.v. CALLUNARIA. Dbd. . . .
   c.v. ATRARIA. H. S . . . . .
2506 VERATRARIA. H. S . . . . .
2507 EGENARIA. H. S . . . . . .
2508 COMPRESSATA. Gn . . . . .

2509 CASTIGATA. Hb. . . . . . .
   Austerata. H.
   a.v. RESIDUATA. Hb . . . . .
2510 PIMPINELLATA Hb . . . . .
2511 MERINATA. Gn . . . . . .
2512 LARICIATA. Frey. . . . . .
2513 TRISIGNARIA. H. S. . . . .
2514 PUSILLATA. W.. V. . . . .
2515 TANTILLARIA. Bdv. . . . .
2516 IRRIGUATA. Hb. . . . . .
2517 DENOTATA. Hb. . . . . . .
2518 *ALTAICATA. Gn. . . . .
2519 INNOTATA. Hb. . . . . . . » 50
   a.v. TAMARISCIATA. Frey. . .
2520 INDIGATA. Hb. . . . . . .
2521 CONTERMINATA. Zell. . . .
2522 LIBANOTIDATA. Schl. . . .
2523 CONSTRICTATA. Gn. . . . .
2524 ULTIMARIA. Bdv. . . . . .
2525 NANATA. Hb. . . . . . . » 50
   a.v. ANGUSTATA. Haw. . . .
2526 TENEBROSARIA. H.S. . . .
2527 PROLONGATA. Zell. . . . .
2528 SUBNOTATA. Hb. . . . . .
   Denotaria. Bdv. . . . . .
2529 SPISSILINEATA. Metz . . .
2530 VULGATA. Haw. . . . . . » 25
   Valerianata. Dup. . . .
   Pimpinellaria. Bdv. . .
2531 EXPALLIDATA? Gn. . . . .
2532 ABSYNTHIATA. Lin. . . » 30
   Minutata. Bdv. . . . . .
2533 MINUTATA. Hb. . . . . . .
2534 ASSIMILATA. Dbd . . . . .
2535 TENUIATA. Hb. . . . . . .
2536 SUBCILIATA. Gn. . . . . .
2537 DODONEATA. Gn. . . . . .
2538 ABBREVIATA. Alb. . . . . .
   Reductaria. Bdv. . . . » 25
2539 EXIGUATA. Hb. . . . . . . » 25
   a.v. LANCEOLARIA. Steph. .
2540 HOSPITATA. Hb. . . . . .
2541 SOBRINATA. Hb. . . . . . .
   a.v. EXPRESSARIA. H.S. . . .
2542 ERICEARIA. Ramb. . . . . .
2543 OXYCEDRATA. Ramb. . . . . .

2544 Scopariata. Ramb. . . .
2545 Phæniceata. Rb. . . . .
2546 Strobilata. Hb . . . . .
2547 Togata. Hb . . . .
2548 Laquearia. H. S. . . . .
2549 Pumilata. Hb. . . . . . ,
2550 Pauxillaria. Bdv. . . . .
2551 Parvularia. H .S . . . ,
2552 Coronata. Hb. . . . . .
2553 Rectangulata. Lin 30
   a.v. Subærata. H. . . . .
   b.v. Cydoniata. Bork. . . .
   c.v. Nigroscericeata. Haw..
2554 Debiliata. Hb. . . . . .
   a.v. Nigropunctata . , . .

Collix. Gn.

2555 Sparsata. Hb. . . . . .
2556 Melanoparia? Grasl . . . .

Lobophora. Curt.

2557 Externaria. H. S . . . .
2558 Sexalata De Geer. . . .
2559 Hexapterata. Kléem. . . .
   a.v. Zonata. Bork. . . . .
2560 Viretaria. Hb. . . . . .
2561 Appensata. Ev . . . . . .
2562 Lobulata. Hb.
2563 Sertata. Hb.
   Appendicularia. Bdv. . .
2564 Sabinata. Hb. . . . . .
2565 Polycommata. W. V. .

Thera. Steph.

2566 Cupressata. Dup . . . . .
2567 Juniperata. . . . . » 50
2568 Simulata. Hb . . . . . .
   a.v. Geneata. Feish. . . .
2569 Variata. W. V. . . . . » 25
   a v. Fulvata. Fab. . . . . .
   b.v. Simularia. Bdv. . . . .
   c.v. Vitiosata. Frey. . . . .
2570 Firmata. Hb. . . . . . .
   a.v. Ulicata. Rb. . . . . . .

Ypsipetes. Steph.

2571 Literata. Donov. . . . . ,

2572 Impluviata. W. V. . . . . . » 25
2573 Elutata. Alb. . . . . . . » 30

Melanthia. Dup.

2574 Rubiginata. W. V. . . . » 25
   a.v. Plumbata. Curt .
2575 Ocellata. Lin. . » 30
2576 Albicillata. Lin. . . . . . » 50

Melanippe.

2577 Hastata. Lin . . . . . . » 40
2578 Thulearia. H. S. . . . . .
2579 Hastulata. . . . .
2580 Tristata. Lin. . . . . . .
2581 Funerata. Hb. . . . . .
2582 Brulleata. Lef. . . . . .
2583 Luctuata. W. V. . . . .
2584 Alaudaria. Frey . . . . .
2585 Procellata. W. V. . . . . » 40
2586 Confixaria. H.S. . . . .
2587 Unicata. Gn . . . .
2588 Corollaria. H. S . . . .
2589 Unangulata. Haw . . . .
   Amniculata. H . . . . . .
2590 Rivata. Hb. . . . . » 25
   a v. Alchemillata. W. V. . » 25
2591 Molluginata. Hb. . . . .
2592 Fluidata. Led . . . . . .
2593 Inusitata. Gn . . . .
2594 Dissimilata. Rb . . . . .
2595 Lienigiaria. H. S . . . .
2596 Montanata. W. V. . . . » 25
2597 Disceptaria. F. R. . . . .
2598 Monticolaria. H. S. . . .
2599 Galiata. W. V . . . . . . » 25
2600 Fluctuata. Lin . . . . . . » 25
2601 Alpicolaria. H. S. . . . .
2602 Putridaria. H. S . . . . ,

Anticlea. Stph.

2603 Sinuata. W. V . . . . . .
2604 Rubidata W. V. . . . . » 30
   a.v. Fumata. Ev. . . . . .
2605 Cuprearia. H. S . . . .
2606 Badiata. W. V. . . . . » 40
2607 Derivata. Alb . . . . . .
2608 Berberata. W. V . , . . » 30

Coremia. GN.

2609 MUNITATA. Hb . . . .
2610 PROPUGNATA. W. V . . . . » 30
2611 FRRRUGATA. Alb. . . . . . » 25
   a.v. UNIDENTARIA. Haw . . .
2612 POMOERIARIA. Ev. . . . . . .
   Quadrifasciata. Dup. .
2613 BISTRIGATA. Tr . . . . . .
2614 LIGULARIA. Gn . . . . . .
2615 QUADRIFASCIARIA. Lin . . .
   Lugustraria. W. V . . . .

Camptogramma. STEPH.

2616 BILINEATA. Lin. . . . . . » 25
   a.v? BISTRIGARIA H. S. . .
2617 SCRIPTURATA. W. V. . . .
2618 RIGUATA. Hb. . . . . . .
2619 FLUVIATA. Hb . . . . . . ,
2620 GEMMATA. Hb . . .

Phibalapteryx. STEPH.

2621 TERSATA. W. V. . . . . . » 25
2622 TETRICATA. Gn. . . . . .
2623 TESTACEATA. Hb . . . . .
2624 CORTICATA. Tr . . . . . .
   Alutacearia. Bdv . . . .
2625 ÆMULATA. Hb . . . . .
2626 SCOTOSIATA. Gn . . . .
2627 EVOLETARIA. H. S.. . . .
2628 LUCILLATA. Gn . . . . . .
2629 LAPIDATA. Hb . . . . . .
2630 LIGNATA. Hb. . . . . .
2631 POLYGRAMMATA. Bork . . .
2632 AQUATA. Hb. . . . .
2633 VITALBATA. W. V . . . . » 30
2634 CALLIGRAPHARIA H. S .

Scotosia. STEPH.

2635 DUBITATA. Lin . . . . . . › 40
   a.v. CINEREATA. Steph . . .
2636 SABAUDIATA. Dup. . . ,
   Milliearata? Bruand . . . .
2637 VETULATA. W. V. . . . » 40
2638 AFFECTATA. Ev . . . . .
2639 RHAMNATA. Kléem. . . . . » 50
2640 CERTATA. Hb. . . . . . » 50

2641 MONTIVAGATA. Dup . . . . •
2642 UNDULATA. Lin . . . . . . » 50

Cidaria. Tr.

2643 PSITTACATA. W. V. . . . . » 25
2644 MIATA. Lin. . . . .
   Coraciaria. H . . . . . .
2645 PICATA. Hb. . . . . . .
2646 CORYLATA. Th. . . . . . » 25
   Ruptata. H . . . .
2647 SAGITTATA. Fab. . . . . .
2648 RUSSATA. W. V. . . . . » 25
   a.v. IMMANATA. Haw. . . .
   b.v. PERFUSCATA. Haw . . .
2649 SUFFUMATA W. V . . . .
   a.v. PICEATA. Stph. . . . .
2650 SERPENTINATA. Led . . .
2651 RETICULATA. W. V. . . . .
2652 SILACEATA. W. V.. . . . .
   a.v. CAPITATA. H. S. . . .
2653 PRUNATA. Lin.. . . . . . » 30
   Ribesiaria. Bdv. . . . . .
2654 PYROPATA. Hb.. . . .
2655 TESTATA. Lin. . . . . . .
   Achatinata. H . . . . . . » 25
2656 POPULATA Fuess. . . . . .
2657 FULVATA. Forst. . . . . . » 25
2658 PYRALIATA Alb. . . . . . » 25
2659 DOTATA. Lin . . . .
   Marmorata. H . . . . . .

Pelurga. H.

2660 COMITATA. Alb . . . . . » 25
   Chenopodiata. W. V. . .

EUBOLIDÆ.

Eubolia.

2661 CERVINARINA. Rœs. . . . . » 75
2362 MALVATA. Rb. . . . . . .
2663 BASOCHESIATA. Dup. . . . .
2664 MÆNIARIA. Scop.. . . . » 25
2665 MENSURARIA. W. V. . » 25
2666 PALUMBARIA. W. V . . . . » 25
   a.v. LURIDARIA. Bork. . . .
   b.v. PALUMBARIA. Haw . . .
2667 PERIBOLATA. Hb . . . . .
2668 PROXIMARIA. Rb. . . . . .

2669 Bipunctaria. W. V. . . . . » 25
    a.v. Gachtaria. Frey. . . .
2670 Vicinaria. Dup. . . . . . .
2671 Burgaria. Ev. . . . .
2672 Coarctaria. W. V . . . . .
    a.v. Tenebraria. H.. . . . .
2673 Lineolata. W. V. . . . . .

Carsia. Hb.

2674 Imbutata. Hb . . . . » 75
    Sororiata. Tr . . . .
2675 Paludata. H. S . . . . . .
2676 Sororiata ? Hb . . . .

Anaitis.

2677 Columbata. Metz . . . . . .
2678 Lithoxylata. Hb . . . . . .
2679 Numidata. H. S. . . . . . .
2680 Obsitaria. Led. . . . . . .
2681 Præformata de Vill. . . . » 50
2682 Plagiata. Lin . . . . » 25
2683 Boisduvaliata. Dup . . . . .
2684 Simpliciata. Tr . . . . . .
    Magdalenaria. Bell . . . .
    Pierrettaria. Guil. . . . .

Lithostege. Hb.

2685 Bosporaria. H. S. . . . . .
    Stepparia. Bd. . . . . . .
2686 Griseata. W. V. . . . . . » 75
2687 Asinata. Frey. . . . . . .
2688 Duplicaria. Hb. . . . . . .

2689 Nivearia. W. V.. . . . . .
2690 Cycnaria. Bdv. . . . . . .
2691 Odessaria . Bdv. . . . . . .
2692 Infuscata. Ev . . . . . .

Chesias. Tr.

2693 Spartiata. Fuess . . . . . » 25
2694 Obliquaria W. V. . . . . . » 25

SIONIDÆ. Gn.

Siona. Dup.

2695 Decussata. W. V. . . . . .
    a.v Fortificata. Tr . . . .
2696 Exalbata, Hb . . . . 1 »
    a.v. Nubilaria. Hb . . . .

Gypsochroa. Ev.

2697 Renitidata. Hb. . . . . . .

Stamnodes. Ev.

2698 Pauperaria. Ev. . . . . . .

Polythrena. Gn.

2699 Melanicterata. Led. . . . .

Tanagra. Dup.

2700 Chærophyllata. Lin. . . . » 25

Odezia. Bdv.

2701 Tibialata. Hb . . . .
    a.v. Eversmannaria. H. S .
    b.v. Moeroraria. Trey. . .

F I N.

TABLE ALPHABÉTIQUE DES GENRES.

	Pages.		Pages.		Pages.		Pages.
Abraxas	41	Cabera	39	Dejopeia	11	Grammodes	30
Abrostola	28	Calamodes	36	Demas	13	Gypsochroa	46
Acalia	41	Callimorpha	12	Dianthœcia	23	Hadena	25
Acherontia	9	Calocampa	25	Diasemia	33	Hæmerosia	27
Acidalia	38	Calophasia	26	Diastema	28	Halia	40
Acontia	27	Calpe	29	Dicranura	15	Harpya	15
Acosmetia	20	Camptogramma	45	Dicycla	23	Hecatera	24
Acronycta	16	Caradrina	20	Diloba	16	Helia	31
Actenia	31	Carsia	46	Diphtera	16	Heliodes	27
Aglia	13	Cataclysta	33	Dipterygia	18	Heliophobus	18
Aglossa	31	Cateplia	30	Doritis	1	Heliothea	41
Agriopis	24	Catocala	30	Drymonia	16	Heliothela	32
Agrophila	27	Caustoloma	35	Ebulea	33	Heliothis	27
Agrotera	33	Celæna	19	Egea	40	Hellula	34
Agrotis	20	Cerastis	22	Erilcrinia	39	Hemerophila	36
Alamis	29	Cerigo	18	Ellopia	35	Hemithea	37
Aleucis	39	Cerocala	30	Emmelesia	42	Hepialus	14
Amphidasys	36	Charæas	18	Emydia	11	Herbula	32
Amphipyra	29	Charaxes	5	Eudagria	14	Hercyna	32
Anaitis	46	Chariclea	27	Endotricha	33	Herminia	31
Anarta	27	Chariptera	24	Endromis	13	Hesperia	7
Anchocelis	22	Cheimatobia	42	Ennomos	35	Heterogynis	11
Angerona	35	Chelonia	12	Ennychia	32	Himera	35
Anisopteryx	42	Chemerina	41	Eogena	22	Hiptelia	23
Anophia	30	Chesias	46	Ephyra	37	Hiria	21
Anthocharis	1	Chimæra	14	Epione	35	Hoporina	23
Anthœcia	27	Chionobas	6	Epimecia	26	Hybernia	42
Anthometra	41	Chondrósoma	35	Episema	18	Hydrelia	28
Anthophila	28	Cidaria	45	Epunda	24	Hydrilla	19
Anthophilodes	32	Cilix	15	Erastria	27	Hydrocampa	33
Anticlea	44	Cinglis	40	Erebia	5	Hydrœcia	18
Apamea	19	Cirrœdia	23	Eriopus	28	Hypena	31
Apatura	5	Cledeobia	34	Erosia	39	Hypenodes	31
Aplasta	40	Cleogene	41	Eubolia	45	Hypolais	33
Aplecta	25	Cleophana	26	Euchelia	12	Hypotia	31
Apocheima	36	Cleora	36	Euclidia	30	Hypoplectis	41
Aporodes	32	Cleta	38	Eucrostis	37	Hypsopygia	31
Aporophyla	18	Cloantha	25	Euperia	23	Hyria	38
Arctia	12	Clostera	16	Eupisteria	38	Hyssia	22
Arge	5	Colias	2	Eupithecia	42	Ilarus	23
Argynnis	4	Collix	44	Euplexia	24	Iodis	37
Aspilates	41	Colocasia	16	Eurhipia	28	Ismene	1
Asteroscopus	15	Coremia	45	Eurrhypis	32	Janthinea	27
Asthena	38	Corycia	39	Eurymene	35	Jaspidia	24
Axylia	18	Cosmia	23	Eusarca	40	Laphygma	18
Bankia	28	Cossus	13	Euterpia	27	Larentia	42
Bembecia	8	Crocallis	35	Exophila	29	Lasiocampa	13
Biston	36	Crymodes	19	Fidonia	40	Leiocampa	15
Boarmia	36	Cucullia	26	Geometra	37	Lemiodes	34
Boletobia	37	Cymatophora	16	Glaphyra	28	Leptosia	28
Bolina	30	Cyrebia	27	Glottula	18	Leucania	17
Bombyx	13	Danais	4	Gluphisia	16	Leucanitis	30
Boreophila	32	Dasycampa	23	Guophos	36	Leucophasia	1
Botys	33	Dasydia	37	Gonoptera	29	Libythea	5
Brephos	28	Dasypolia	24	Gortyna	18	Ligdia	41
Bryophila	16	Deilephila	9	Grammesia	19	Ligia	41

Genre	Pages.	Genre	Pages.	Genre	Pages.	Genre	Pages.
Limacodes	14	Nudaria	11	Procris	11	Steropes	7
Limenitis	4	Numeria	40	Prodenia	18	Sterrha	44
Liodes	40	Nychiodes	36	Psamatodes	40	Stilbia	29
Liparis	12	Nymphalis	4	Pseudophia	30	Strenia	40
Lithocampa	25	Nymphula	34	Pseudoterpna	37	Stygia	14
Lithosia	11	Nyssia	35	Psodos	37	Synia	17
Lithosiege	46	Odezia	46	Psyche	14	Synopsia	36
Lobophora	44	Odonestis	13	Pterogon	9	Syntomis	10
Lomaspilis	44	Odontia	31	Ptilodontis	15	Syntomopus	29
Lophopteryx	15	Odontopera	35	Ptilophora	16	Syrichtus	8
Luperina	18	Omia	26	Pygæra	16	Tæniocampa	22
Lycæna	2	Ophiodes	30	Pygmæna	37	Tanagra	46
Lythria	41	Ophiusa	30	Pyralis	31	Tegostoma	32
Macaria	39	Oporabia	42	Pyrausta	32	Tephrina	40
Macroglossa	9	Orenaia	31	Rhodaria	32	Tephrosia	36
Madopa	30	Orgya	13	Rhodocera	2	Tethea	23
Mamestra	19	Orobena	33	Rhoptria	40	Thais	1
Mania	29	Orthosia,	22	Rhyparia	41	Thamnonoma	39
Margarodes	33	Orthostixis	41	Rivula	31	Thanaos	8
Mecyna	34	Pachetra	18	Rumia	35	Thecla	2
Megalodes	28	Pachnobia	22	Rusina	20	Thera	44
Megasoma	13	Pachycnemia	44	Saturnia	13	Therapis	35
Melanippe	44	Panagra	40	Satyrus	6	Thetidia	37
Melanthia	44	Papilio	1	Schranckia	31	Threnodes	32
Melasina	11	Paranthrena	8	Scodiona	40	Thyatyra	16
Meliana	17	Paraponyx	33	Scoparia	34	Thyris	9
Melitæa	4	Parnassius	1	Scopelosoma	23	Timandra	39
Mesogona	23	Pellonia	39	Scopula	34	Timia	41
Metasia	33	Pelurga	45	Scoria	41	Toxocampa	29
Metoponia	27	Pericallia	35	Scotosia	45	Trachea	22
Metoptria	28	Peridea	15	Selenia	35	Trichosoma	12
Metrocampa	35	Perigea	19	Selidosema	40	Triphæna	21
Miana	19	Phaselia	36	Senta	17	Trochilium	8
Micra	28	Phybalapteryx	45	Sesamia	17	Typhonia	44
Microphysa	28	Phigalia	35	Sesia	8	Urapteryx	35
Minoa	41	Phlogophora	24	Setina	11	Uropus	45
Miselia	24	Phlyctænodes	32	Simplicia	31	Valeria	24
Mithymna	17	Phorodesma	37	Simyra	17	Vanessa	5
Mniophila	37	Phorocera	24	Siona	46	Venilia	35
Naclia	11	Phyllophila	28	Smerinthus	9	Venusia	38
Nascia	33	Phytometra	30	Sophronia	31	Xanthia	23
Nemeobius	3	Pieris	1	Spartopteryx	40	Xanthodes	27
Nemeophila	12	Pionea	33	Sphinx	9	Xylina	26
Nemoria	37	Placodes	28	Spintherops	29	Xylocampa	25
Neuria	18	Platypterix	15	Spilodes	34	Xylomyges	18
Noctua	21	Ploseria	40	Stamnodes	46	Xylophasia	18
Noctuelia	31	Plusia	28	Stegania	39	Ypsipetes	44
Noctuomorpha	32	Polia	24	Stemmatophora	31	Zegris	1
Nodaria	31	Polyommatus	2	Stenia	33	Zethes	30
Nola	11	Polyphænis	24	Stenopteryx	34	Zeuzera	44
Nonagria	17	Polythrena	46	Stephania	27	Zygæna	9
Notodonta	15						

Paris. — Imp. de E. DONNAUD, rue Cassette, 9.